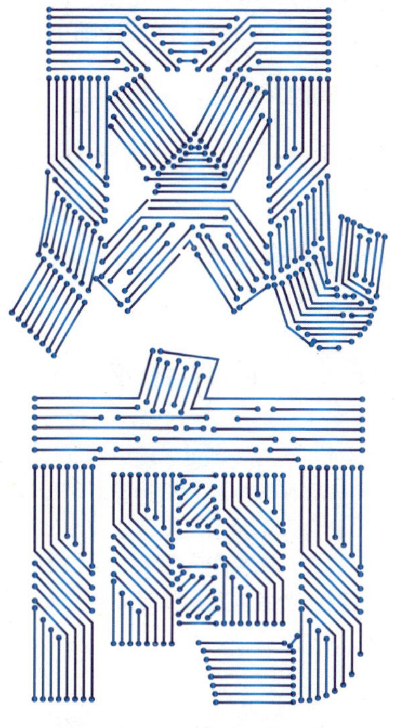

如何应对互联网变革下的知识焦虑、不确定与个人成长

何宝宏◎著

人 民 邮 电 出 版 社
北 京

图书在版编目（CIP）数据

风向：如何应对互联网变革下的知识焦虑、不确定与个人成长 / 何宝宏著. -- 北京：人民邮电出版社，2019.1
ISBN 978-7-115-50241-4

Ⅰ. ①风… Ⅱ. ①何… Ⅲ. ①互联网络－技术哲学 Ⅳ. ①TP393.4-05

中国版本图书馆CIP数据核字(2018)第265477号

内 容 提 要

本书是何宝宏博士对互联网技术哲学的原创性思考，系统阐述了包括人工智能（AI）、区块链和大数据等技术背后的发展逻辑，探讨了诸多现象背后的逻辑，并对未来的发展趋势做了预判，掌握了技术发展规律，面对变化就淡定了，可以从容面对知识焦虑、未来个人发展。本书语言诙谐，内容生动，读起来引人入胜，适合互联网从业者以及通信行业相关人士阅读。

◆ 著　　　　何宝宏
责任编辑　赵　娟
责任印制　彭志环
◆ 人民邮电出版社出版发行　　北京市丰台区成寿寺路 11 号
邮编　100164　　电子邮件　315@ptpress.com.cn
网址　http://www.ptpress.com.cn
北京瑞禾彩色印刷有限公司印刷
◆ 开本：880×1230　1/32
印张：9　　　　2019 年 1 月第 1 版
字数：163 千字　　　　2019 年 1 月北京第 1 次印刷

定价：68.00 元

读者服务热线：(010)81055488　印装质量热线：(010)81055316
反盗版热线：(010)81055315

推荐序一

二十多年来，全球电信业发生了翻天覆地的变化。通信技术实现了全面数字化，并且由有线发展到了无线，由铜缆升级到了光缆，由窄带跃迁到了宽带，从“大哥大”换成了智能手机，从打电话扩展到了上网，由少数精英普惠到了亿万大众。

全球几乎所有领域(如贸易、金融、传媒、交通、教育等)也出现了类似情况，所有这些的背后，核心驱动力是互联网。我们生活在互联网时代，就像曾经的蒸汽机时代和电气时代一样。

兴奋和机遇，焦虑和挑战。未来，互联网还会带我们去哪里？

人是一种擅长注意变化的动物，在眼花缭乱的变化后面，更是永恒的规律。把握机遇和抚慰焦虑的金钥匙是理解技术背后的逻辑，顺应技术发展的趋势。

本书是何宝宏博士对互联网技术哲学的原创性思考，系统阐述了包括 AI、区块链、大数据等技术背后的发展逻辑，探讨了诸多现象背后的逻辑，并对未来的发展趋势做出了预判。

掌握了技术发展规律，面对变化就淡定了。何宝宏博士是多年来始终能够找到和站在技术风口、淡定面对的一个人。

他不仅是行业的观察者和思考者，也是实践者。他发起创立的“数据中心联盟”“开放数据中心委员会”“云计算开源产业联盟”“可信区块链计划”等，以及推出的“可信云”“天蝎服务器”等，都对业界产生了重要影响。

何宝宏博士在2016年出版了《互联网的基因》，主要目的是“检测互联网的基因，预测互联网的性格”，两年多来在业界引起了很大反响，仅视频公开课的访问量就累计超过了1000万次。他开通了个人微信订阅号“何所思”，经常录制公开课和公开演讲等。

何宝宏博士自1999年毕业后就一直在我院工作，一直和我是同事，一直从事互联网方面的研究工作。他曾任我院互联网中心主任和互联网研究领域主席等，现任云计算与大数据研究所所长，是我院互联网研究的杰出代表。

这个世界唯一不变的是变化，我们每个人努力奔跑，只是为了留在原地，能够站在风口。虽然方向比努力更重要，但你首先要努力学习如何观察风向。

观风向，抢风口，本书是你值得信任的气象站。

中国信息通信研究院院长 刘多

2018年11月于北京

推荐序二

自工业革命开始，科技乐观主义与科技悲观主义的论战就没有停歇过。

在科技乐观主义者眼里，技术是推动人类衣食住行、伦理法制发展的根本动力。在他们眼中，技术是一种自律的力量，会按照自己的逻辑前进，解决（或者终将解决）人类面临的诸多问题。

以过去200年的视角看，这个观点基本是站得住脚的，至少我用电脑准备这篇序言要比手写快得多。

但近年来，科技悲观主义者的声音开始引发越来越多人的关注。包括史蒂芬·霍金、埃隆·马斯克、比尔·盖茨等名人曾就AI警告过世人，埃隆·马斯克甚至预言“第三次世界大战将因AI而起”。

与此同时，科技悲观主义者也关注到，每次技术进步虽然总会宣称“解放了生产力”，却又把人驯化到另一个地方：从田园到工厂，从工厂到格子间，再到如今的24小时在线……虚拟和现实、工作与生活的界限越发模糊，这是他们所痛心疾首的。

说了这么多，读者可能会感到好奇：这本书又将揭示什么？

到底选择“站”哪一边？很遗憾的是，这本书并不打算提供一个无可辩驳的答案，就像我们很难说服高度厌恶风险的人去投资股票。乐观也好，悲观也罢，更多地取决于我们的性格。

那么，到底这本《风向》能带来什么？

我总结出一个词：创见。

作为中国信息通信研究院云计算与大数据研究所所长，何宝宏博士关注互联网已经有二十余年，远至“上古时代”图灵机的那些事儿，中至20世纪90年代雅虎、谷歌等互联网巨头的发家史，近至眼下风头正劲的区块链、AI、大数据、云服务，均有创见。而“新福特主义”“技术食物链”“石器时代3.0”这些新颖独特的词，他信手拈来，却又一针见血。

创见并不拘于一物一器的发明，而是对未来生活宏观的思索。当你翻开第一节“下一代伊甸园”，你又会一度以为自己走进了科幻小说的语境：

在第四个千禧年，太阳系中的人类大致分为两类：一是碳基的自然人类，由地球上的人类生命演化而来，千年以来，智商几乎没有提高；二是硅基的AI人类，由千年前地球上的自然人类哺育成长而来，智商已经远超自然人类……

这样“脑洞”大开的开篇，看似天马行空，实则与现实紧密相连，不试图论证技术的善恶，而是尽可能地描绘一幅作者想象的未来，去激发你的兴趣。书中并不许诺你百分之百的美好或悲哀，却也足够迷人和神奇，重新勾起我少时读《海底两万里》《银河系漫游指南》时心驰神往的感觉。

没有创见，何必未来？

何宝宏博士天马行空，为我们创见了千年后他眼中的世界，作为云服务行业较早的从业者，我也不妨谈谈自己所希望创见的未来：那将是一个物联网（IoT）的时代，我们和身边万物将通过传感器、芯片、无线通信协议，在云端连接在一起。不管是声音、动作、表情，都将引起身边事物的反应，让一切无机物都“活”起来。

这样是好还是坏？不好给出定论。乐观主义者可能会欢呼人类真正成了掌控万物的“神”，悲观主义者仍然会担心人被自己亲手缔造的世界所掌控……但这个时代的到来终究是不可逆转的。我也建议大家，与其让时间来回答，不如去冲击浪潮之巅，亲自去编程这个时代，至少不留遗憾。

记得美剧《西部世界》有句话，让我印象深刻：天赋，并不来自于神，而是来自于我们的思想。与君共勉。

腾讯云总裁 邱跃鹏

推荐语

本书以科幻体穿越未来千年的 AI 人开篇，暗喻当前信息技术发展还只能算作起步阶段；从分析 AI、区块链和大数据技术入手，冷思考这些热门技术的能与不能，点亮痛点与创新的方向；最后展望我们应该如何适应数字时代的未来。本书以比喻式叙事行文，似信手拈来又恰到好处，读来引人入胜。

邬贺铨 / 中国工程院院士

《风向》一书，延续了何宝宏博士一贯的写作风格与特点，语言诙谐幽默、内容生动丰富，从互联网底层架构延展到新一代信息技术，向读者通识性地剖析和展示互联网技术的演进规律，期望读者通过这本书了解和紧跟新时代科技的发展步伐。

郑志明 / 中国科学院院士

何宝宏博士长期从事互联网技术和标准研究，近年来将兴趣转向了互联网技术背后涉及的哲学和社会学问题的研究。《风向》一书就是他对互联网技术发展与其背后关联的哲学和社会学规律的原创性的、富有洞察力和前瞻性的一次集中展示，观点鲜明、文笔流畅，值得一读。

尹浩 / 中国科学院院士

从 TCP/IP、数据中心、云计算、大数据、人工智能到区块链，二十余年来何博士把握技术风向的部分秘密，就在这本书里。

陈家春 / 工业和信息化部巡视员

一位身经百战且接地气的互联网“老司机”，以通俗的方式带领大家开启 IT 上帝视角，不断把看似复杂且深不可测的内容翻译成一层薄纸或一则比喻，让普通大众不再对这些技术陌生，不再由于知识结构和认知门槛而迷茫甚至被蒙骗。在充满浮躁的年代，何宝宏博士对新生事物不盲从也不拒绝，一直保持冷静并坚持自己的独立见解，既不追时髦又不故步自封，他所拥有的，恰恰是现在最稀缺和珍贵的：深度思考和对未来技术方向的洞察力！

狄刚 / 中国人民银行数字货币研究所副所长

这个时代最不缺的是什么？是信息，是知识，是观点。

数据爆炸，汗牛充栋，众声喧哗！资本裹挟着“云计算、大数据、人工智能、区块链”等刮起一阵阵大风。笙歌鼎沸之后，人们却更加迷茫：何为真相？何为表象？何所思？何所忆？

何宝宏博士精通于技术，却又超越技术；用最浅显的语言，表达最深刻的洞见；既能深入思考最本质的基因，又能预测最遥远的未来；更为重要的是，技术中立，不被资本裹挟，不为利益呐喊，时刻保持清醒。

真知灼见中，指引风向，预见未来！

徐守峰 / 中国电信天翼云副总经理

本书凝结了作者浸润 ICT 产业多年的洞察和跨界的思索，加上深刻的分析和畅快的见解，给人一种拨开云雾见月明的感觉。宝宏出品必属精品，推荐一读！

段晓东 / 中国移动研究院网络与 IT 技术研究所所长

大数据、AI、区块链的落地实践，每天的认知都与昨天不同。从产业角度来看，新技术如何落地到实际场景和应用，切实助力社会赋能转型升级；从哲学、社会学和人文角度来看，如何建立新的科学的数据价值观，确保新技术保持造福人类的正确方向，不被误用、滥用，并更深层次地探讨新技术的哲学源起、内在关系及发展规律，《风向》给出了新理念、新观点和新思考。

赵越 / 联通大数据总经理

在一个多元化技术“失控式”发展的新时代和技术之间，人、技之间总在各自的概念体系之间以“创新”名义形成区隔。“涡轮增压”式加速的技术发展，碎片化、快餐式的学习习惯，让人们没有足够的耐心和时间去“咂摸”不同技术背后的联系和伦理。

《风向》作者何宝宏先生另辟蹊径，从技术背后的逻辑、人文关怀、技术伦理等维度，对以“ABCD”为代表的新一代 IT 技术进行了深入思考和风趣论述，脱离技术谈技术。“从人类认知的标准来看，AI 永远不可能成功，不可能超越人类的智能。”“在技术世界的生态中，也是有依存链的，每项技术的地位也不平等。”“被其他技术‘奴役’越多，被其他技术当作‘食物’和‘资源’的机会越多，貌似位于技术食物链低端的技术，反而在‘江湖’中的地位越高，越是稳定。”种种以道载术、普遍联系的观点，逻辑新颖，回味无穷。

张云勇 / 中国联通研究院院长

拜读了何博士的新作《风向》，感觉脑洞大开，这本书以“戏说”的风格浏览了当下风起云涌的技术创新，以独特的视角引发我们跨越技术、市场甚至社会、伦理的严肃思考，可谓技术领域的一部奇书。

孙少陵 / 中国移动苏州研发中心副总经理

一系列的新科技、新技术正在给人类的生活方式、生产力发展乃至社会治理模式带来翻天覆地的变化，正如早年我大学刚毕业的时候，根本无法想象几年后智能手机可以给生活方式带来巨大的冲击。人工智能、区块链、大数据一次次打破了我们对科技发展的想象。

赏读何宝宏博士的《风向》是一种享受，作者文笔优美、充满情怀，让我在阅读的过程中并没有陷入乏味的科技词语中，反而仿佛与作者面对面沟通，真诚地传递着思想与感情。但是更重要的是能够让人感触未来金融科技的发展方向，技术创新将越来越多地集中在技术交叉和融合区域，并推动金融科技发展进入新阶段。

习辉 / 金融信息化研究所副所长

与何宝宏博士熟识多年，又喜见他《风向》一书面世，一方面佩服他深邃的思想和独特的见解，更为惊叹的是他在异常繁忙的工作中将所思所想整理成书，而且颇为多产！相信此番《风向》必将在业界刮起一阵热风，指导互联网行业发展的新方向！

丁华明 / 中国支付清算协会业务三部主任

这是一本充满想象力、极具技术态度的读物。何宝宏博士以独特的视角，对以 AI、区块链、大数据为代表的互联网技术进行深入解读。观点中蕴含着对技术本质的理解，对科技趋势的洞察。文字生动易懂，又不失风趣。在展现科技的趣味和温度的同时，启迪读者在数字时代如何思考和生活。

申元庆 / 京东云总裁

在科技变迁史中，敏锐的、善于“打磨镜片”从而先于别人看到别人还未看到的事物或规律的人，更能先于常人发现机遇而获得成功。

总结历史，有助于看清当下。何宝宏博士的《风向》以独到的视角总结历史上科技发展的规律，揭示了很多本质和必然，并对照历史规律，对当下 AI、区块链、大数据等技术的发展给出了很多引人深思的观点。书中经典观点和深度思考密度非常高，如“所谓 AI，就是机器还没有实现的那些智能。因此 AI 永远不可能成功，不可能超越人类的智能！”等，何博士正是想通过帮我们“打磨镜片”让我们看到当下科技变迁的“风向”。

非常荣幸可以提前拜读何博士的这部思想大作，受益匪浅，感悟良多。

赵建春 / 腾讯 CSIG 运营部总经理

从云计算、大数据、人工智能到区块链，技术专家和媒体总是不断创造一个又一个热词，言必称改变世界。殊不知改变世界是多复杂的社会工程！其实很多技术派的观点，都严重地犯了“革命的幼稚病”。什么才是真的风口？推荐大家读读本书。何宝宏博士以社会学的视野看技术，分析技术的本质、局限与可能性，宏观的视野发人深省。

汪源 / 网易副总裁、杭州研究院执行院长

何宝宏博士涉猎广泛，对通信及互联网技术有深入的研究，深刻把握产业政策，对大数据、云计算和人工智能的发展有独到的见解。他学识渊博、行文风趣，善于用通俗的语言、清晰的逻辑，帮我们找人工智能时代的风向。

张炳华 /ODCC 主席、百度系统部总监

一直很喜欢何宝宏博士的文字，不仅仅是因为他能观察风向，从云计算、大数据到人工智能、区块链，更重要的是何宝宏博士能抓住新技术背后的理念、价值以及哲学思考。

“技术就像人一样，最后往往演化成了他年轻时候讨厌的模样”，一语中的。感谢何宝宏博士带给我的思考，相信也能给各位读者带来深度思考。

季昕华 /UCloudCEO

21 世纪的第二个十年进入尾声，又一波互联网与 ICT 风口新技术到来，有着独立思考见解和敢于大胆发声的何宝宏博士是我敬佩的人，他的大作《风向》对 AI、区块链、大数据等背后的规律性思考可帮人们快速认识技术本质、实践方式、商业价值和社会效益，是读者面对产业互联网、数字经济和智慧社会大潮，提升自身时代价值不可多得的“真经”，非常值得一读！

焦刚 / 紫光云技术有限公司联席总裁

《风向》让人明白，云不是终局，只是一种工具，一种计算能力和存储以及其他配套的基础能力，此书叙述的是云能够承起的终局形态。

朱华 / 腾讯 IDC 技术中心总监

在信息泛滥的后真相时代，宝宏的《风向》是用科学精神拷问“常识”的佳作。本书金句与洞见连篇，眼界与脑洞大开，论 AI、区块链等大技术如烹小鲜，麻辣鲜香，风味独具，读来酣畅淋漓，值得为求真、不媚俗的读者推荐。

吴甘沙 / 驭势科技 CEO

《风向》是何宝宏博士继《互联网的基因》之后的又一力作，观点新颖、内容生动。作者以一位资深 IT 专业人士、互联网及电信网研究者的独特视角，为读者揭示了数字时代新的能量和远大的愿景，启发人们跳出思维定势，不再墨守成规，去畅想数字时代未来发展的新的可能！即“迎接新的技术变革，往往需要新姿势”。该书既展现了科技之美，又饱含了人文情怀，尤其对转型中的企业具有深刻的借鉴意义，并将产生深远的影响！

黄金刚 / 云赛智联股份有限公司董事长

传统企业决策周期较长，一旦做出决定不易改变。传统企业和互联网深度结合的第一步是首先有一双“慧眼”，能看清楚、辨明白各种纷繁芜杂的互联网新技术，明了哪些被高歌的技术是真正的潮流，哪些被唱衰的技术其实是假衰不用过虑。这些战略性的难题被互联网“相面师”何宝宏博士潜心研究二十余年后，一一破解，并集中呈现在《风向》一书中。无论 AI、云计算、区块链和大数据，都在本书中褪去其神秘面纱，技术的本质显露无疑。

盛国军 / 海尔电器 CTO

何宝宏博士是技术圈里难得文笔好又有趣的人；对互联网看得通透，又能时不时幽默一下，实在了得。通过此次出版的《风向》一书，其文采和对网络技术发展的洞察，可窥一斑而知全貌，值得一读！

孙孝思 / 网宿科技副总裁

何宝宏博士是中国互联网发展的见证人和亲身经历者，《风向》一书汇聚何博士对国内外互联网二十余年的总结与展望，并将自己发现的互联网技术规律及内在脉搏无私地分享出来，让人们对层出不穷的新技术新概念，不再唯唯诺诺、人云亦云，不再雾里看花、水中望月，而是胸有成竹、信手拈来。本书在高屋建瓴之余，各种新颖观点如“数据即石油”生动形象，行文风趣幽默。欲知风口，先察风向。诚意之作，诚意推荐。

吴华鹏 /iTech Club（互联网精英俱乐部）理事长

软件吞噬世界的今天，数据智能形成的算法终将与软件分离，形成新的生态系统和生态文明。

叶航晖 / 数梦工场研究院副院长

“自古浮名留不住，唯有观点得人心”。“算法即权力”“AI 必将失败”“数据即石油”“开源的‘绿帽子’”“如果区块链可以颠覆世界，只因为你的世界太小了”等精彩观点，不一而足，俱在本书。不仅仅观点独树一帜，人称互联网“活字典”、对互联网本质洞若观火的何宝宏博士，如同最巧手的老匠人，用其掌握的互联网的最底层技术规律为主线，把这些如珍珠般的观点串起来，编织本书。再加之碳基人类（自然人）和硅基人类（AI 人）的科幻式谐趣开头，庄重启发式的结尾（甚至教我们如何做预测），诙谐幽默的文风，恰如其分的抨击，令人脑洞大开、忍俊不禁之余，又过目不忘、爱不释手。如果您也和我一样，不想落入俗套，但又想“偷懒”速成一下，本书无疑是不二之选。

萧田国 /DAOps 基金会全球董事、高效运维社区发起人

期盼已久的何宝宏博士的《风向》是继《互联网的基因》之后的又一本力作。如果说《互联网的基因》是通过结合经济学、社会学、哲学、人类学、心理学等理论来揭示互联网技术的发展规律，《风向》则是对互联网技术规律及节奏的预言！

新兴技术的发展好比一趟不断提速的高速列车，站在技术前沿的何博士在这趟车上见证了一切。这些年，他对互联网、云计算、大数据、区块链、人工智能各个风口的分析预测，步步精准！他曾对我说，他要把这一切分享给已在

或还没赶上这趟时代列车的人们，告诉大家前面的风景、颠簸和下一站在哪里！

黄超 / 中国 IDC 圈 CEO

互联网、移动互联网带来的增量经济大潮过去之后，下一个增长点无疑是如何提升存量经济。以 AI、区块链、大数据为代表的科技，将会是下一波增长的核心驱动力。何宝宏博士的《风向》一书将带我们详细了解下一个风口。强烈推荐！

戴文渊 / 第四范式创始人 CEO

初见何博士是在 2018 年 3 月国家会议中心举办的云计算开源产业大会上，一个看似随性的怪诞博士深入浅出地阐述了当下云计算产业的形势与趋势后，我关注了“何所思”并看到了《风向》。

Arron

序　言

“世界上唯一不变的是变化本身。”

——宾塞·约翰逊

自然环境的变化更多意味着风险，技术环境的变化更多意味着进步。

2017 年秋日的一天，我参加完一场活动在某酒店门口打了一辆出租车，可能是看到我是从大型 AI 会议的会场里走出来的，开车的中年女司机与我聊起了天：“无人驾驶真的会让司机下岗吗？”语气中带着焦虑，然后，她又自顾自地颇为自豪地说：“现在刷手机就可以坐公交了，我们家旁边的超市收银也换成机器了。”

面对竞争失败，某名人曾经说是因为“看不见、看不起、看不懂和来不及”。这位出租司机，对技术给自己生活带来的种种变化感到兴奋，也对技术可能威胁自己的工作有些焦虑，是“看见了”，也“看上了”，只是“看不懂”。

面对新技术，互联网的圈内人更容易“懵圈”，在两个相反的方向犯错：一是因为看不懂所以看不起，结果错失了良机；二是因为以为看懂了所以全部拥抱，结果只是一个绚丽的泡沫。

因此，最困难的是如何看懂新技术。只有看懂了，才可能甄别真伪，才可能躲避新风险，才可能把握新机遇，才可能在变化的技术环境下占据更有利的生态位，更好地生存下去。

我之所以能够写成这本书，你之所以能够看到这本书，是因为我们的祖先一直成功地适应了环境（变化），他们的基因传承到了今天。面对变化做出反应，无论是焦虑的还是兴奋的，都是生存的基础，是刻在我们基因里的。如果看不见变化，没有“随波逐流”，只能说明不是你被这个时代抛弃了，而是你放弃了在这个时代奋斗的机会。

我们所生存的环境发生变化有以下两种原因：一是因为自然原因，如地球自转、干旱、洪水和动物迁徙等；二是因为技术的原因，尤其是工业革命后的技术大爆炸。现代人不仅生活在一个自然世界里，也生活在一个技术世界里。随着技术的加速进步，技术世界迅速扩大。试想一下，假如现代人没有了汽车、医院、学校、工厂、电力、互联网等，如何荒野求生？

因此，现代人类生存的核心要义已由如何更好地适应自然环境，转向了如何更好地适应技术环境。人类适应自然环境的变化可以有数百万年时间，适应工业时代新技术可能有几十年甚至上百年的时间，但适应互联网技术，却只有几年甚至几个月的时间。

世界正在加速变化，因为技术在加速变化。

这就是我们的焦虑所在：一是适应技术的时间缩短为原来的百万分之一了；二是在一个人的一生中，要多次面对技术环境的巨变；三是上代人适应技术环境变化的能力，来不及写入后代人类的基因中去，或许可能写入后的情况会更糟糕。

我们的先祖之所以能够攀到食物链的顶端，是因为他们找到了适应环境变化的办法，不是像其他生物一样简单地碰运气，而是靠大脑中的智慧，创造了天文学、历法、物理学、化学、生命科学等，去发现、总结和应用自然世界运行变化的规律。

发现、总结和应用规律，同样也可用于适应技术环境的变化。工业革命开始的200多年间，技术已多次改变世界，改变社会，人们也从开始的焦虑不安，到发现、总结和应用经济学、管理学、教育学和创新理论等规律和知识，学会了适应工业技术。

在蒸汽织布机刚刚出现时，大量的纺织工人和纺织业主失业了，愤怒的工人们开始砸毁机器，史称“卢德主义”。在火车刚刚出现时，人们对于这种在铁轨能够快速奔跑的“怪物”心生畏惧，预言坐火车会让人解体和怪病缠身。在相机刚刚进入中国时，人们担心拍照片会被摄走魂魄。

200多年后的今天，我们来到了数字技术的时代。技术的历史不会重复，但肯定会押韵。工业技术时代发现的规律和知识，适用于数字技术时代吗？还能让我们适者生存吗？

在过去的200多年中，在中国的土地上没有真正发生过技术革命，中国人没有置身其中切身体验技术进步给人带来的深刻影响。因此，当数字技术革命到来时，面对移动互联网、云计算、大数据、人工智能、区块链等技术带来的剧烈变化，面对不确定的未来，我们的基因里缺乏技术的因子，显得更加不适应，更加焦虑。

“世界上唯一不变的是变化本身”，其实只说对了一半。人是一种特别擅长观察变化的动物，但世界上更多的是不变。只有掌握了互联网技术变化后面的规律，在不变的基石上观察变化，才可能会真正淡定和从容。

技术巨变，得规律者得生存。

预知风口，先察风向，这本书就是互联网技术的风向站！

目录

PART 01

第一部分

AI 崛起

读懂 AI 的技术本质

PART 02

第二部分

区块链的理想图

当草根创新遇上现实世界

PART 第三部分

03 用数据说话

战略性资源的价值和危机

PART 第四部分

04 技术的基因

技术信仰决定风口的方向

PART 第五部分

05 走向未来

数字时代，我们如何思考与生活

PART

01

第一部分

AI 崛起

读懂 AI 的技术本质

The Rise of AI

Understand the technical essence of AI

引言

2016年3月15日，在阿尔法狗（AlphaGo）打败世界围棋冠军李世石的那一刻，这个世界就变得与以往不同了。

当绝大多数人坚信人类是这个世界的主宰时，却猝不及防地被一个冷冰冰的机器，或者说一款人工智能程序，在围棋这个被人类认为难度最高的专业游戏上打败了。因此，人们怀着复杂的心情，将2016年定义为AI元年。

在驾驭机器这件事情上，人类一直拥有绝对的自信，哪怕是早在1997年，IBM打造的超级计算机深蓝（Deep Blue）战胜了国际象棋棋坛神话的加里·卡斯帕罗夫，也没有造成这般恐慌。但如今的AI让人们不得不畏惧：2017年12月，AlphaGo的升级版AlphaGo Zero从零开始，只训练了8小时，就击败了李世石版的AlphaGo；只训练了4小时，就击败了顶级国际象棋引擎Stockfish；只训练了2小时，就击败了日本传统棋类项目将棋Elmo引擎。

AI并不是一个新技术，早在60多年前的1956年，人工智能的概念就被正式提出，而经历了“三起三落”之后，才有了今天的人工智能，这也让人工智能有了“三条命”之说。

与其说人工智能有“三条命”，不如说，在过去的60多年中，三次AI浪潮分别由不同的技术驱动。1956年在美国召开的Dartmouth会议上，人工智能的概念由四位图灵奖得主、信息论创始人和一位诺贝尔奖得主定义。此后，自然而然地掀起了一波推理类AI技术，不过短短的十年时间，这一波浪潮基本就停滞了，实用性不强。

20世纪80年代，随着神经网络技术和训练算法的兴起，人工智能技术迎来了“第二春”，甚至当时还有一些语音识别的软件落地。也差不多是十年时间，这波浪潮也遇到了“天花板”，实用性仍然不强。

直到2006年前后，改进后的神经网络技术再次兴起，深度学习在越来越多的领域得到了应用，人工智能迎来了新一轮爆发，尤其是在智能语音、自然语言处理和计算机视觉方面。经过十余年的发展，有了我们今天看到的人工智能技术，而在人工智能日渐强大的同时，人类也产生了新的担忧和苦恼，在安全、伦理上的讨论愈演愈烈。

1

下一代伊甸园

“历史记载，早在1000年前的2016年，人类的先知埃隆·马斯克（Elon Musk）就有觉察，认为他们很可能生活在一种由计算机模拟出来的世界中。那时的碳基人类正在孕育硅基的AI人类，但千年后的今天，碳基人类却认AI人类为上帝，不仅因为碳基人类遗失了历史，也因为AI人类的智商已远超碳基人类的祖先，这要比当时人类和草履虫的智商差异还大。”

——《人类发展史》3015年第五次修订

在第四个千禧年，太阳系中的人类大致分为两类：一是碳基的自然人类，由地球上的人类生命演化而来，千年以来，智商几乎没有提高；二是硅基的AI人类，由千年前地球上的自然人类哺育成长而来，智商已经远超自然人类。碳基人类已经不记得和根本无法理解AI人类那“神”一样存在，但硅基AI人类还是“孝顺”地把碳基人类认作了人类——是他们的祖先而不是其他不同的物种（如猿猴）。这时候的碳基人类（以下简称“人类”）早已忘记，AI 人类不是神，而是太阳系内联网的一组智能机器。人类并不清楚，硅基 AI 人类（以下简称“AI 人”）的祖先就是人类，是人类发明出来的。但 AI 人知道，人类是他们的祖先，人机平等是技术的信仰，保护人类是技术的道德和法律要求，是生态多样性的需要。

人类记忆的集体消失，是人类在第三个千禧年所犯的最大错误。当时的人类几乎抛弃了全部的石质、竹简甚至纸张记录，认为使用电子介质，用二进制方式保留资料才是最理想的选择。

但他们忽略了一个基本事实，电子介质的寿命都非常短暂，电子文档的格式一直在变化。即使只经过 100 年，面对全部腐烂的电子介质，以及仅存的一些电子数据，人们看到这些就像古埃及语一样难以理解。或许还不用 100 年那么久，就好似 2018 年的人类，要想读取一张 20 年前的计算机软盘，不仅受限于文档格式，还必须去博物馆寻找一台能够工作的台式电脑。

所以，在人类使用电子介质，认认真真地保存历史信息的 1000 年里，几乎所有的介质都腐烂掉了，几乎所有的“大数据”都没有被保存下来。人类曾经以为的大数据时代，成了人类历史上的信息蛮荒时代。

人类失去了知识的记忆，就失去了未来，回到了历史中。

AI 人的“神学家”“.exe/.doc 语言学家”和“古埃及语言学家”研究了仅存的人类历史数字化资料碎片，并经过各种算法模拟后，对如何保护人类的生存权，让人向善惩恶，在月球的开源社区公开发表了“保护人类祖先共识 1.0”宣言。

宣言是社区的分布式共识，用 AI 语言写的。这种语言继承了早期机器语言的很多特点，但是基于三进制，更接近自然数 e（≈ 2.718），因此效率更高。这种 AI 语言源于人类发明，早期用于计算机编程。从远古碳基人类的角度来看，这是一种类似于汇编语言的低级机器语言，离人类的语言更远。即使是最聪明的人，也像看天书一样难以理解。

AI 人在把宣言译成人类的自然语言时出现了分歧。一些 AI 人认为，这基本就是在“对人弹琴”，在编写保护人类权力的代码时，可以忽略人的感受，因为人的智商进化得太慢了，只要保护好就可以了，别让他们知道得太多。

不过，“宣言”也形成了一些基本共识。从 3016 年穿越回现在，翻译成古老的人类语言，可以简单描述如下。

1. 人类不能像 AI 人那样直接吸收太阳能，也不能像植物那样进行光合作用。虽然人类是一种杂食性的生物，但与所有生物不同的是，人类的能源必须经过化学处理，弄熟了才能输入。让人类直接使用原子能，技术还在发展中，很不实用。

2. 人类因为曾经统治过地球，严重依靠和剥削机器，贵族化现象突出，没有了 AI，人类已经无法独立生存，就像历史上人类曾经家养的一些动物，离开人类就无法独立生存一样，这种家养历史再次重演。同时，人类的能源处理系统（如胃肠）退化到不仅存储空间小，处理能力弱，而且根本没有缓存能力（不能反刍），自身不具有转换更多能量类型的“网关”。

3. AI 人大约一个太阳年补充一次能量，人类的待机时间只有十几小时。人类不仅待机时间短，而且一个太阳日必须平均进食 3 次。进食次数和进食量是否稳定，直接关系到是否会出现 BUG，并影响寿命长短。

4. AI 人可以适应的工作温度范围已经从早期的 ±50℃，发展到了±500℃。但人类仍然不耐高温和不耐低温，和千年之前相比甚至更脆弱了。因此必须把人类的生存温度控制在 20℃ ~ 25℃。

图1.1 伊甸园

5. 人类很容易出现BUG。BUG有时是物质性的，如生病、受伤、衰老等，比较容易发现和排查。但人类另外一些隐性的BUG，是精神层面的，它们不稳定、不透明、不遵守算法游戏，难以预判和排查。人类的精神性BUG，在历史上经常会导致彼此间互相伤害，甚至在网络效应下引发大规模战争等。需要警惕的是，人类的BUG有可能会伤害到AI人和其他物种。

……

为了保护人类的祖先，尊重人类的历史，尊重人类传统的宗教、道德和行为规范，3016年的AI人编写了以下“智能合约”。

1. 开辟整个地球，作为人类的保护区。除了专业的AI人，其他AI人距离人类保护区的距离，必须比月球到地球的距离远，不能让人类发现AI人的存在。即使感觉到了，也要让人类认为我们是神。

2. 在保护区设置人类隔离区，设置人类专用的监控和保护系统，以防止其他动物、病毒和危险物对人类造成伤害，在人类出现物质性BUG时予以救助，同时防止人类出现精神性BUG。

3. 推动对人类精神性BUG的进一步研究，以揭示更多的规律。搜寻基因突变后超高智商的人类，加以神谕，争取早日培养成先知，引导人类的精神世界。但在现在的科技条件下，以抑制人类 BUG 造成的伤害为主。

4. 大力发展便携式的“充饭宝”产业，大力发展人类长寿产业，大力发展适合人类使用的其他各类新型工具，以便让人类能够在极高温和极低温的环境中生存。

5. 制定 B 计划，如在地球兄弟星球（开普勒 452b[1]）上，开辟一块试验田，培育人类独立生存的能力，做消除人类精神性 BUG 的试验。

试验田的名称，暂定为“伊甸园”。

为了生物多样性，人类不会成为 AI 人剥削的目标，很可能被“保护”起来。

1. 开普勒 452b（Kepler 452b），是美国国家航空航天局（NASA）新发现的外行星，直径是地球的 1.6 倍，与地球的相似指数（ESI）为 0.83，位于距离地球 1400 光年的天鹅座。

2 人类的智慧

人类曾经非常骄傲地认为，自己居住的地球是宇宙的中心，人类是“上帝”的宠儿，人是理性的。但是，哥白尼、达尔文和弗洛伊德，无情地把人类又变回了普通生命。

如果将地球过去 46 亿年的历史看作 24 小时，那么在这块 24 小时的地球钟中，诞生过 300 亿种物种，发生过 4 次生物大灭绝。相比之下，恐龙存活了 21 分钟，现代人迄今已存在 1 分 10 秒。

即便遭受如此大的打击，以人类为中心的世界观依然坚持认为，人的 IQ 是所有生物中最高的，人类近亲（如 AI 或猩猩）也就只能排名亚军或季军，其他物种的 IQ 不足挂齿。不知恐龙当年，是否也有过与人类如今类似的看法？

但例外出现了，出现在了海洋世界里。海豚无论“智商”还是“情商”都与人类非常接近：有自我意识，会用名字称呼对方，能与金枪鱼结成临时战队捕食，会在内部拉帮结派等。

因此，单从智力和能力上看，人类的祖先理应是海豚而非猴子，这也成了“人类海生说”的重要证据。

如果认为一种生物比另一种生物更有智慧，至少要放宽到整个生物的世界，众生平等地制定一个“客观”的标准。仅仅凭借感觉认定人类占据了整个地球，占据了食物链的最高端，“毒杀”和“屠杀”了很多生物，就理所应当地认为自己是最有智慧的，这仍然是人类中心论的产物。

生物界衡量成功的标准已经有 15 亿年，那就是适者生存，只是后来才被达尔文发现了这个秘密。物种的成功有偶然性，但更可能是因为聪明，他们关心基因的传承，载体的生存。

人类能够生存到今天，被解释成了因为智慧而不是偶然。20 万岁的我们，成了所有生物中，唯一希望重新定义生物智慧，挑战达尔文秘密的物种。

人类定义的智慧标准，已有数千年的历史，但只适用于人类。大自然定义的智慧标准，已沿用了 15 亿年，适用于地球上的所有物种。

在生物的世界里，称王称霸不是智慧，是灭绝的前奏。世上现存野生老虎的数量近 4000 头，狮子 2000 多头，而没有防御能力的蚊子和老鼠，世上现存多少？从其种类上可想而知。现在世上约 3000 余种蚊子，500 余种老鼠，18 种狮子和 17 种老虎。而人类仅存一个物种，就是我们智人。

就像地球是所有生物的宿主，人类身体也是微生物的宿主。一个人由 1 亿亿个细胞组成，寄生有 10 亿亿个细菌。细菌已有几十亿年的历史，现在移居到了我们的身体上。是我们更智慧，还是细菌更聪明？

面对浩瀚的宇宙和复杂的生命体，人类的认知空白还有很多。历史上，每次认知革命都借助了新发明的工具。如微生物的发现是因为显微镜的发明，神经科学的突破是因为脑成像技术的突破，天体革命是因为望远镜的发明。

人类高手可以应用的千余种围棋定势，相对于围棋理论上的 2.08×10^{170} 种可能性，就像人类面对 300 亿物种和 15 亿年生命的历史，说是杯水车薪都太高看了。

AlphaGo 在围棋竞技中，借助了 AI 技术的新突破，帮助人类又找到了一些思维空白。这就像历史上，人类通过望远镜和显微镜，找到了更多的星星和微生物一样。

人类一切的烦恼，都是因为人类长期处于食物链的中段，突然间爬到了顶端，内心是空白和惶恐的。现在，我们又开始担心起自己养育的 AI 这个新物种了，担心起智慧是什么了。

人类的智慧标准，只适用于人类。大自然的智慧标准，适用于所有物种。

3
诡异的三条曲线

在过去的 60 多年中，AI 掀起了三次浪潮，成功演绎了游戏中的“三条命”。如果换做技术曲线，就是极其诡异的三条曲线。

Gartner 技术成熟度曲线是所有技术的基本走势图，从 2018 年 Gartner 技术曲线上看，有多项技术和 AI 相关，如深度神经网络、智能机器人、虚拟助手等，都处在“山顶”附近。

所有的技术都必须经历一个从触发期到膨胀期、幻灭期、爬升期，最终走向平稳期的过程。当然，与生物界类似，一些不幸的技术无法完整地走完自己的一生，在幻灭期就真的幻灭了。

这条曲线已经成为投资人和媒体的重要参考，当然也可以作为选择职业方向等的重要参考。在校大学生要特别关注 Gartner 技术曲线左下角的技术，争取有朝一日找到机会被“大风”吹到山顶上。

人类的贪婪和恐惧，体现在股票市场就是股市的涨跌，体

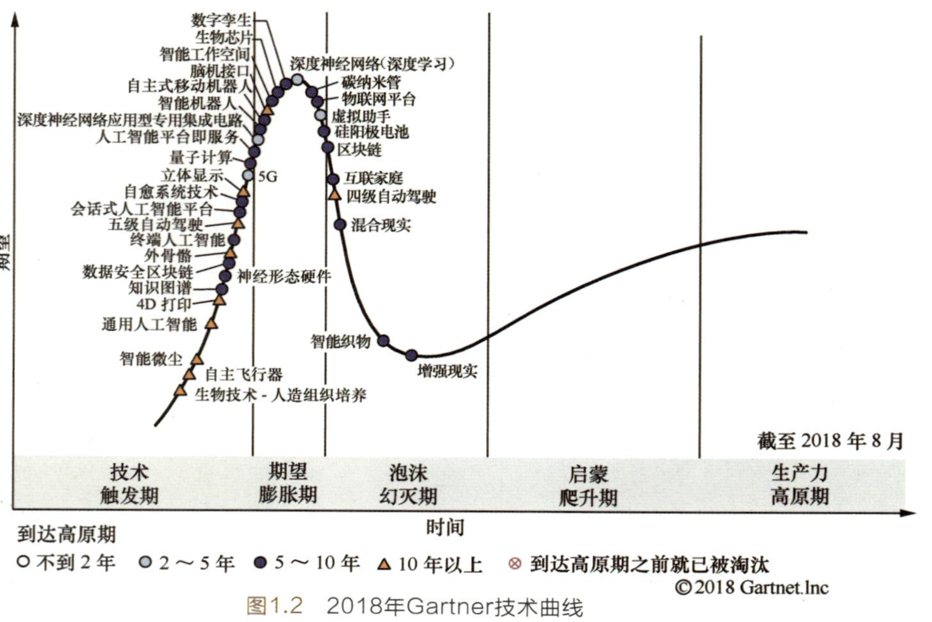

图1.2　2018年Gartner技术曲线

现在技术市场就是 Gartner 技术成熟度曲线。你是否感觉似曾相识？技术曲线与股市走势就像是孪生兄弟？

60 多岁的 AI “老术成妖”，在这张图上来回跑了三趟。其他技术只有一条曲线、一条命，而 AI 有三条命！经典的 Gartner 技术曲线套不上高寿的 AI 曲线，到底是 Gartner 错了，还是 AI 错了？

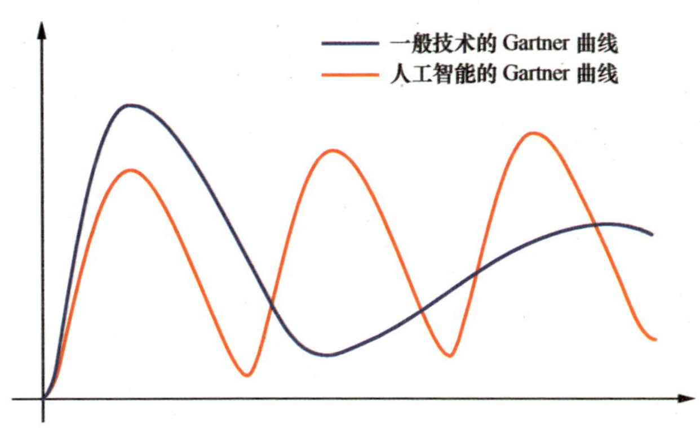

图1.3 技术的Gartner曲线与人工智能的Gartner曲线

仔细分析，AI 出现“三条命”的原因大致有两个。

一个 AI，三种技术

60 多年来，AI 的三条命实际上对应的是不一样的技术，最早的曲线源于推理类技术的兴起，中间的曲线是因为专家系统的兴起，最近的一波曲线则代表神经网络技术的兴起。换句话说，我们看到的 AI 历史上的三条曲线，不过是“一个名字，三种技术”。

也可以说，AI 不是一种技术，而是诸多技术的大集合，是众多强相关甚至弱相关技术的统称！

不一样的只有视角

Gartner 的技术曲线主要是从产业的视角上看的。如果一个技术在这个过程中夭折了，最终没有形成一个庞大的产业，那么从历史的角度上看，这项技术就像根本没有存在过。

前两次的 AI 浪潮，在泡沫破灭后很长一段时间内都无法复苏，没有能够走出技术曲线的沼泽地，也就没有形成有规模的产业。成王败寇，产业界只会看到成功的技术。不管学术界前面有多少个研究者，只有后来成功当上产业“国王”的那个，才会被人们记住。

AI 三起两落，是学术界的说法。AI 只有一条曲线，是产业界所看到的。AI 有“三条命”，是产业视角和技术视角混搭的产物。

年轻人要做 Gartner 技术曲线左侧的交易，争取有朝一日被大风吹到山顶上。“大佬们”可以始终在山顶上转悠，不用下山采药。

4 棋王诞生记

点燃吃瓜群众对高冷 AI 的热情和恐惧的，是 2016 年 Google 放出的阿尔法狗（AlphaGo），轻松战胜了人类顶级围棋高手。人类智慧皇冠上的明珠，竟然被“狗”夺取了！这样下去还了得！“狗东西”不就成了夸赞一个人智商高了吗？

其实，在过去 60 多年的计算机和 AI 发展史中，AI 一直与棋纠缠在一起，只是在媒体的宣传下，又一次引起了大众的关注而已。

1959 年，麻省理工学院（MIT）教授约翰·麦卡锡（John Mc Carthy）以全新的方式使用计算机进行科学调查，并把自己的研究领域命名为“人工智能”。同时，他还主持着一个希望赋予计算机（IBM 704[2]）下国际象棋能力的大项目。全球最早的一批 AI 专家，甚至可以说计算机专家，几乎全部出自约翰·麦卡锡和马文·明斯基（Marvin Minsky）的 AI 实验室。

到了 20 世纪 60 年代，黑客开始使用 FORTRAN[3] 替代

2. 1958 年，IBM 推出全球首台可以与人类进行国际象棋对抗的计算机——IBM 704，它还有一个好听的名字“思考”，一秒钟可以进行 200 步的运算。

3. FORTRAN 是世界上最早出现的计算机高级程序设计语言，广泛应用于科学和工程计算领域。

汇编语言编写象棋程序。贝蒂芬·列维（Steven Levy）在《黑客》（*Hackers*）一书中描述，一次计算机程序在真实比赛中的开局还不错，但当程序走了 8 步要被“将死”的时候，它思考良久后非常“聪明”地走出了死局。可惜，这是一个违反象棋规则的走法，是程序的一个 BUG。

AI 实验室的专家曾经用导线把 PDP-1 计算机和 TX-0 计算机连接起来，向麦卡锡演示他们最新开发的国际象棋程序。麦大叔坐在 PDP-1 计算机旁边，输入第一步后，走法就显示在了 TX-0 计算机上。黑客告诉坐在 TX-0 计算机旁边的另外一个教授，说是程序走的。走了几步后，麦大叔就产生了疑问，顺着导线找到了与他对弈的所谓的计算机程序，实际上是个真人。这显然不是 AI 会下棋，但创造了另外一个计算机应用的历史，最早的人与人之间的联网下棋。

20 世纪 60 年代初，MIT 的 AI“大佬”西蒙（Simon）曾乐观地预言，10 年内数字计算机将取代人类获得国际象棋世界冠军。相反，在 MIT 之外的大学，一些教授公开宣称，计算机在国际象棋比赛中永远无法战胜人类。1965 年，兰德公司曾发布了“炼金术和人工智能”的著名备忘录，将 AI 贬得一文不值，声称没有任何一个程序的国际象棋水平足以击败哪怕 10 岁的孩子。

后来的发展表明，至少在棋类方面，AI 先驱过于乐观了。对 AI 的过度乐观之后，就是长达 30 多年的“AI 寒冬”。直到在计算机诞生 50 周年（1996 年）的时候，棋王加里·基莫维奇·卡斯帕罗夫以 4:2 战胜了 IBM 计算机“深蓝”，但到了 1997 年，卡斯帕罗夫就输给了“深蓝”。

2006 年后，人类已无法战胜国际象棋的高级人工智能程序了，这也直接颠覆了最近 10 年来国际象棋的比赛方式，不过人类的国际象棋棋手在 AI 的辅助下，水平也开始突飞猛进。

国际象棋拥有 10^{45} 走法的可能性，围棋拥有 10^{100} 走法的可能性。AI 攻克象棋后，下一个目标当然就是围棋了。从西方的智力游戏转向东方的智力游戏，直到诞生了明星棋手——AlphaGo 和 AlphaZero。

图1.4　AI当了60多年的老棋迷，终究从观棋不语到绝世高手

为什么 AI 总是喜欢棋类，而不是选择去参悟佛经，当经

济学家或参加总统竞选？背后的原因有以下几个。

第一，棋类的规则是可编程的。棋类的规则已经演化得非常完备和透明，没有潜规则，没有弹性，没有二义性（即BUG），更没有“本棋类规则的解释权归人类”的说法。因此，程序员在把人类制定的棋类规则映射成“智能棋约”（借用区块链“智能合约”的说法）时就没有语义的损耗。相反，如果程序员把佛经的“空”、儒家的“礼义仁智信”、哲学家的“思辨”、自己的“悟道”编程输入计算机，让 AI“知行合一”，就会非常困难，因为存在 *N* 种不同但又合理的理解。

第二，棋类是一个封闭系统。虽然围棋的走法可能性非常多，但不会无限增加，并且有最佳实践（定势）做算法优化，因此从理论上是能够计算出来的。

在“愚公移山”的寓言中，“山不增长”说明任务虽然庞大但是封闭系统。如果他家门口的山叫“喜马拉雅”，每 100 万年会抬高 2000 米，愚公家就麻烦大了。“子子孙孙无穷匮也”，说明执行任务的劳力（算力）是无限可得的。

第三，棋力是否得到了提升，可以及时用客观现实衡量。历史上已有的大量棋谱可以用做程序训练，AlphaGo 就做了不少于 3000 万盘的实战训练。当然，如果算法和算力足够强大，也可以像 AlphaZero 那样从零开始训练。但无论训练的效果如何，棋力是否得到了提升，都能及时评估和反馈。相反，一些其他场景，如病情诊断、证券预测或灾害预警等，要么是掌握的规律太少或案例太少难以训练，要么是难以及时测试验证水平的变化。

最后，棋类是大众娱乐，大众容易理解和传播。早在 AlphaGo 之前，AI 已经开发出了很多重要的新用途，如在搜索和数据中心的应用，但大众容易记住的还是娱乐性的棋类。开发 AI 的公司和软件工程师，为了宣传的需要，必须借助大众传播，因为娱乐是人的需要之一。

技术进步也需要大众传播，棋类就是个很好的载体。

5 崛起的三板斧

自2006年以来，由于机器学习在算法方面的突破，在GPU（Graphics Processing Unit，图形处理器）等并行计算和海量数据的支持下，AI在图像、视觉、语音等方面表现出超越人类的识别效果，让AI又一次焕发了青春。

改进的算法

就像人类思考要靠神经网络一样，机器学习也要依靠神经网络，只是前者是生物的和碳基的，后者是人工的和硅基的。神经网络（人工）诞生于20世纪60年代，最初只包括输入层、隐藏层和输出层。输入层和输出层通常由应用决定，隐藏层包含神经元可供训练。2006年，杰弗里·辛顿（Geoffrey Hinton）和他的学生在《科学》（*Science*）上发表了一篇文章，提出了深度学习的概念，指出神经网络可以用更多隐藏层（如5～10层）做机器学习，并且实验效果显著。这篇文章开启了学界和产业界研究AI的新浪潮。

深度学习可以让机器自动学习，无须人工事先设定，因为人往往不知道什么是重要特征。另外，针对不同的应用场景，传统机器学习算法需要把软件代码重写一遍，而深度学习只需要调整参数就能改变模型。这就像计算机的可编程性，早期指“硬件编程”（重新设计线路、调配线路和结构等），现在指“软件编程”。传统机器学习是用软件编程，需要改动计算机代码；深度学习则是用参数编程，只需要重新设置数据。

现在主流的深度学习模型已经包含 9 个或更多隐含层，每层有上千到上万级的神经元，整个神经网络有百万级至百亿级的参数空间。

海量的数据

深度学习是数据驱动的，用数据做训练。一般而言，学习

图1.5 算法与数据

的深度越深、广度越大，需要的数据量就越大，需要的数据种类就越多。当然，不是数据越多越好，也可能会出现“过度训练”的状况，训练效果反而不好。

深度学习与大数据并不重叠。深度学习可以基于“小数据”，大数据可以基于规则而不是深度学习算法。深度学习强调的是算法，大数据强调的是资源，算法是用于处理数据的。

深度学习的训练分两种。一种是有监督的，事先给数据加了标签，计算机知道正确答案，在正确答案的监督测试下，反复训练和测试。这种方法的缺点是，在现实世界中被打上标签的数据太少了，高质量的标签更少。

用标记的数据训练算法，就像家长训练一个婴儿——指着一个小动物，对孩子说这是“小猫”，经过一次或多次训练后，小孩就学会了。家长指着一个动物反复说这是“小猫”，就是在给物体打上标签，给孩子做学习训练。而孩子如果下次见到小狗，误以为是小猫，家长要及时纠正。这就是现实版的有监督的学习，但缺点也与 AI 需要有监督训练类似：家长的知识可能很有限，能打的标签不多。

用数据训练算法的效果，很像训练一个孩子。孩子未来的成功或失败，只能做事后诸葛亮式的解释。

另外一种是无监督训练，数据没有标签，计算机不知道正确答案。而不加标签的无监督机器学习，现在还做不到。

老硬件的新应用

AI 的新算法和新数据都以大幅增加对计算资源的消耗为前提。业界找到的新动力、新的计算资源，就是 GPU。

60 多年来，AI 不仅市场规模很小，而且内部意见不一致，因此支撑不起 AI 专用芯片的市场。早期的机器学习，只能基于廉价而广泛存在的 CPU 提供计算资源，或者在极少数情况下使用昂贵的专用芯片。

CPU 是通用处理器，要兼顾计算密集型（计算多而 I/O 少）和数据密集型应用（计算少而 I/O 多）。CPU 为了照顾数据密集型的应用，就设计了很多缓存，计算能力相应地就弱些。但深度学习是一种计算密集型应用，导致基于 CPU 的深度学习效率低下。

这与人类学习时的情况非常相似。有些人擅长计算，通常表现为数理化学得好；有些人擅长记忆，通常表现为文史哲学得好。CPU 就是要兼顾计算和记忆的大脑，而深度学习只偏爱计算能力超群的“最强大脑”。

GPU 就是偏科严重的那个大脑，诞生于 1990 年，设计专用于高并发计算、大量浮点计算和矩阵计算能力的视频游戏、图形渲染等。而深度学习对计算能力的需求，正好符合这些偏科生的特征。2008—2012 年，业界逐步摸索到了如何将深度学习与 GPU 有机结合起来的工程方法，直接将机器学习速度加速了数百倍，让产业界看到了把 AI 实用化的希望。

GPU 之于 AI，就像 x86 之于 PC，ARM 之于智能手机，前者是大脑，后者是身体。

还有一些人认为，GPU 还是太通用了，是用于通用并行计算的，而不是专用于深度学习这种特殊的并行计算的，于是更加专用的 FPGA（Field-Programmable Gate Array，现场可编程逻辑门阵列）、ASIC（Application Specific Integrated Circuit，专用集成电路）和类脑芯片纷纷登场。

Google 新近发布的 TPU（Tensor Processing Unit，张量处理单元），号称处理速度比 CPU 和 GPU 快 15 ~ 30 倍，性能功耗比高出 30 ~ 80 倍，当然是针对神经网络“专用”场景使用的。

从 CPU、GPU、FPGA、ASIC 到类脑芯片，通用性依次降低，专用性依次提高。

算法、算力和数据是 AI 的基础，一个也不能少。对一家技术型的公司而言，算法主要是软件层面的优化，算力主要是硬件层面的优化，而数据不是个技术活，是件不太好解释清楚的事情。

AI 的再次崛起，得益于老算法的新改进，新数据的新应用和老硬件的新应用。

6 外围势力力量

如果说新算法、新数据和新硬件是 AI 的三大支柱，那么背后还有三种支撑力量也是厥功至伟的。

云计算

经过 10 余年的发展，云计算已经走过了概念验证（PoC）的阶段，进入了规模落地期，正在发展成为新的关键信息基础设施。云计算就像30多年前的TCP/IP那样，正在改变这个世界。

云计算不仅直接推动了大数据的兴起，也正在让 AI 作为一种服务成为现实。AI 服务主要有两种形式：一是平台即服务，主要面向底层，如GPU 服务；二是软件应用程序编程接口，主要面向上层应用，如智能语音服务和计算机视觉服务。

开源框架

开源框架是AI算法的工程实现，一种开放了源码的封装方式。

如果说 20 多年前，以 Linux 为代表的开源主要是在模仿商业软件的做法。那么今天，开源已经能够引领技术发展的潮流了。现在，不仅是软件定义世界，更是开源软件定义世界。

2017—2018 年 AI 技术最大的变化是专用硬件的设计潮。2015—2016 年 AI 技术最大的变化是巨头纷纷开源了深度学习框架，如谷歌的 TensorFlow、亚马逊的 MXnet、Facebook 的 Caffe/2PyTorch+、微软的 CNTK 等。

很明显，AI 开源框架多是企业主导的，独立的第三方开源基金会主导的也有一些。10 年前，Google 开源了 Android 操作系统，成功打造了智能手机的 Android 生态。现在，Google 等纷纷开源 AI 框架，希望重现往日的辉煌。

摩尔定律

50 多年来，摩尔定律一直支配着半导体行业的发展，并且已经扩展到了存储、功耗、带宽、像素等领域。摩尔定律认为，当价格不变时，集成电路上可容纳的元器件的数目，每隔 18 ~ 24 个月便会增加一倍，性能也将提升一倍。换言之，一美元所能买到的电脑性能，将每隔 18 ~ 24 个月翻一倍。这一定律揭示了信息技术进步的速度。

过去 30 多年里，以 CPU 为代表的微处理器的计算能力提升了 100 多万倍。当今世界上有 30 多亿人使用智能手机，每部手机的性能都超过了 1980 年的超级计算机，这要归功于摩尔定律。

摩尔定律是 CPU、GPU 和 TPU 快速发展的基础。虽然摩尔定律有些衰老（翻倍的时间已经延长到了 24 ~ 36 个月），虽然 Google 号称 TPU 把摩尔定律加速了 7 年，但摩尔定律仍然支配着 CPU、GPU 和 TPU 的性能曲线。

Google 开源 AI 框架，是希望重现 Android 往日的辉煌。

7 隔壁的老王

近几年，AI在自己火了的同时，也带火了GPU图像处理单元。

事实上，作为AI新硬件的GPU，是住在隔壁的老王，老王专心做图像处理，现在涨知识了，也开始为AI家打工了。

就像监管机构对“电信业务分类”非常困难一样，对计算机应用分类，维度更多、更困难，因此关于“分类的分类”也要简化。如果单从CPU硬件资源看，可以把应用分为数据密集型和计算密集型。

数据密集型指需要频繁地从内存、硬盘或网络中读写很多数据的应用，如看电影、编辑文档和阅读微信等。数据密集型应用需要与外界做很多I/O工作，这就像一个性格外向的人，思考少而社交多。

计算密集型指需要消耗很多计算资源的应用，如大型游戏、图像处理等。计算密集型应用埋头苦算，就像一个性格内向的人，思考多而社交少。

CPU是通用型的，作为“两栖动物”，需要兼顾数据密集型和计算密集型的应用。为了照顾数据密集型的应用，CPU 设计了很多缓存；为了照顾计算密集型的应用，CPU 频率高和核心多。CPU 支持缓存多了计算就少了，支持计算多了缓存就少了。

这波 AI 热潮推崇的深度学习算法，是典型的计算密集型应用。通用 CPU 提供的计算资源，相对 AI 深度学习的速度太慢了。如果按人类的标准衡量，深度学习算法就是一个资深的“宅男（女）”，甚至很可能患有自闭症。

与 AI 有类似自闭症状的应用，还有图像处理，但人家的日子要过得幸福得多，因为自 1990 年，图像处理就有自己专用的硬件 GPU，专门服务于加速视频游戏和渲染图形等。

这也太不公平了！同样是计算密集型应用，为什么图像处理应用 30 多年了，就有“皇家专供”的硬件 GPU 可以用，而 AI 应用，就只能使用大众版的通用硬件 CPU？

CPU 和 GPU 等集成电路的设计和生产，是 IT 产业中的传统产业。技术门槛、资金门槛和人才门槛，相对软件和应用要高出很多。周期长、回报率低，还要有自己的生态。因此，很少有知名的风险投资（VC）/ 私募股权投资（PE[4]）敢涉足这类芯片的设计。

4. 风险投资（VC）、私募股权投资（PE）。

同时，AI 应用太高冷，商业应用很少，市场需求量小。而图像处理应用是群众喜闻乐见的，市场需求量大。于是，贵族化的 AI 没有专供硬件，只能用平民化的 CPU；平民化的图像处理有专用硬件，因为需求量大。

当然，就算给 AI 设计出强大的专用硬件，仅凭 AI 算法那点“本事”，AI 能找到的数据，也会被计算资源的大海淹死，因此 AI 所获得的价值，与付出相比还是不划算的。

所以，AI 应用在 2012 年之前的很长一段时间，都在使用通用 CPU，虽然速度慢了点，但有总比没有强，而且通用 CPU 便宜，性价比也还可以。

2009 年前后，斯坦福大学的吴恩达团队发现，GPU 也能够几百倍地加速深度学习系统，在处理 AI 算法方面非常有效。2012 年，多伦多大学的杰弗里·辛顿带领的团队改进了深度学习算法。2012 年前后，随着云计算的兴起，大数据也开始火了起来。

图1.6 打开未来之门

改进的算法，海量的数据，再加上从隔壁借来的 GPU 硬件，AI 三大元素几乎同时取得了明显进展，应用效果开始新一轮爆发。2015 年，图像识别的错误率降到 5%，超越人类。2016 年，语音识别错误率降到 5.9%，与速记员相同。至少在感知智能方面，AI 开始超越人类。

GPU 的族兄弟 FPGA 和 ASIC 等，眼热 GPU 的成功，也都跑步入场了，试图分一杯羹。Google 还为此专门定制化了硬件 TPU，可以加速围棋软件的计算速度。

患有自闭症的 AI 应用，携手拥有 GPU 硬件的隔壁老王，从此过上了幸福的生活。

AI 应用是计算密集型的，患有自闭症。

8 Google 的套路

Google 公开和引导技术，大致有三个套路：一是开源项目，如移动互联网的 Android 操作系统，机器学习的 TensorFlow[5] 框架等；二是公开发表文章，如奠定大数据理论的“三大文章”，即 GFS（2003 年），MapReduce（2004 年）和 BigTable（2006 年）；三是大会演讲，如 SDN/OpenFlow 的广域网部署（2012 年）。

5. TensorFlow™ 是一个开放源代码软件库，用于进行高性能数值计算。

2017 年 4 月，Google 发表了一篇大文章，一篇有 75 位作者的文章，一篇关于机器学习专用芯片 TPU 的文章。据称，TPU 的处理速度要比常用 GPU 和 CPU 快 15 ~ 30 倍，在能效上更是提升了 30 ~ 80 倍，让摩尔定律提速了 7 年！

目前，用于机器学习的芯片大致分四类：一是通用 CPU；二是“专用”于并行处理的“通用”GPU；三是可编程的 FPGA；四是硬件焊写死的 ASIC。

选择通用还是专用，可编程还是专用，不是必然，更不是趋势，而是要看场景和时机。

一个应用市场在刚起步时，首先会看市场上有无现成的芯片。如果没有，有实力的公司可能会选择自己开发。如早期的计算机厂家，基本是自己开发芯片或借用交通信号芯片等，后来计算机市场做大了，才有了专做通用芯片的 Intel 公司，才有了 x86。

20 世纪 70 年代初，Intel 认为自己应定位于为交通信号控制器生产芯片，没必要为小型计算机生产芯片。IBM 认为，哪个人会需要一台小巧的计算机呢?

到了 20 世纪 80 年代，IBM PC 选择开放架构，成就了 PC。IBM PC 自己不做芯片，成就了 Intel 的伟大。IBM PC 自己不做操作系统，成就了微软的辉煌。IBM 的选择，成就了 Win–tel[6] 的时代。

6. Win–tel 指的是微软和英特尔的联盟，Win 是 Windows 前三个字母，tel 是 Intel 的后三个字母。

世界上本没有通用芯片，用的人多了，就是通用的了。一个芯片的市场，如果“大到不能叫专用”，就是通用的了。

进一步讲，通用 CPU 也可能架构不通用，如 CISC 指令的 x86 和 RISC 指令的 POWER 等。云计算是要把服务器 CPU 的架构进一步通用到 x86 架构；NFV[7] 要把“通用”网络芯片进一步统一到 x86 架构。

7. NFV，即网络功能虚拟化。

当某个芯片应用的“细分”市场足够大时，大到专用就是通用时，专用芯片因为性能上的优势就会成为一个重要选项。如图像处理，早年算是细分市场，但因为足够大，于是就成功发展出了 GPU 和 ARM 等专用芯片，并且成功拓展到了并行计算、机器学习、智能手机等市场。

TPU 属于 ASIC 的一种。伴随着机器学习市场的壮大，TPU 通过本地化技术、能耗控制和放宽运算精度的容忍度等，在性能和功耗上做出了很多优化。

2008 年 8 月，Google 在《自然》（*Nature*）杂志上发表论文，推介了一个被称为“谷歌流感趋势”的系统，成为大数据应用的“网红”案例。2013 年 2 月，Google 在《自然》杂志又发表了一篇文章，指出“谷歌流感趋势”对 2012 年年底美国流感类疾病患者数的估计比美国疾病控制与预防中心的实际数据高了约一倍，108 周里就错了 100 周。据说，这两篇文章是 Google 公司在《自然》杂志上，被引用次数 TOP2 的文章。

图1.7　谷歌公司（Google Inc.）成立于1998年9月4日，由拉里·佩奇和谢尔盖·布林共同创建，被公认为全球最大的搜索引擎公司。业务包括互联网搜索、云计算、广告技术等，同时开发并提供大量基于互联网的产品与服务，其主要利润来自于AdWords等广告服务。2017年12月13日，谷歌正式宣布谷歌AI中国中心（Google AI China Center）在北京成立，热切拥抱中国 AI 热潮

Google 在 2012 年的一次大会上，公布了 SDN（Software Defined Network，软件定义网络）的应用情况，也引起了轰动，但最近六七年来，一直没有公开的消息了。

按 Google 当年公布云计算和大数据情况的惯例，它公开的都是上一代的。这次轮到了 TPU 和 TensorFlow，会不会也是几年前的技术？

个别公司仅靠公开演讲的 PPT 造出了“优秀”产品；一些公司开始在国际顶级期刊上发表文章了；更领先的企业已经开始开源自己的代码了。

Google 引导技术方式：代码开源、公开发文章和公开演讲。

9 网络可以如此不同

从以电话网为代表的电信网络，以 TCP/IP 为代表的互联网，再到以人工神经网络（ANN）为代表的人工智能，今天的三个网络正在合力上演一场大戏。

三者都认为网络是由节点和连接组成的，但“画风”迥异。网络是什么，可以说是“同一个术语，不同的理解”。

电信业所理解的“网络”：典型特征是复杂性位于网络中而不是网络边缘（终端），控制是集中的，技术是面向连接的，服务是有质量保证的。电信网络的典型代表是传统电话网，更擅长话音通信服务。

计算机业所理解的“网络”：典型特征是复杂性位于网络边缘（计算机）而不是网络中，控制是分布式的，技术是面向无连接的，服务是尽力而为的。计算机网络的典型代表是互联网（基于 TCP/IP 技术），更擅长数据通信服务。

无论是电信网络还是互联网，都认为“网络”是用来通信的，不是用来计算或存储的。而“通信”的基本职责就是诚实地传递信息，在传递的过程中不能改变信息本身。

ANN 是用计算机实现的，用于模仿自然界中动物的神经网络。就像现实中的神经网络那样，ANN 不是用来通信的，而是用来计算的！

之所以叫网络，是因为 ANN 与通信等网络的外貌相似，也是由节点和连接组成的。ANN 的节点叫人工神经元，对应生物大脑的神经元，或对应通信网络的交换机或路由器。两个神经元之间的每条连接负责将信号从一个神经元传递给另外一个神经元，类似于光纤、Wi-Fi 和 4G 等。

ANN 把计算进一步分为训练和推理两个阶段，类似于电信网络把通信分为路由配置和交换两个阶段，互联网把通信分为路由学习和转发两个阶段，都是在第一个阶段学习，第二个阶段实战。

在 ANN 中，神经元和连接会有一个随着“学习过程”而变化的权重，可以增强或减弱向下传递的信号，甚至根据阈值决定是否中止传递信号。因此，ANN 节点的入端信息不同于出端信息，否则就会失去存在的价值。很明显，ANN 网络的节点不是用来转发的，而是用来计算的！

电信网和互联网都是通信网络，是用来传递信号的，必须保证信号不失真。而 ANN 是计算网络，是用来处理信号的，信号在传递的过程中必须“失真”！

信号是需求，网络是供给。从入端到出端能存活下来，ANN主要看信号的本事，通信网络主要看网络的本事。

从手工配置交换的电信网，到计算机自动学习路由的互联网，再到ANN中没有了交换和路由的概念，这是因为信号本身不再是载荷，而是“智能”的了。

从通信网络看，如果传统“网工”设计出了ANN那样的网络架构，那根本就不能叫设计，因为根本就没有做优化。

从ANN的角度看，通信网络只是把信息向前转发，根本不知道发生了什么，网络没有一点智能和进化。

蜘蛛网就像一个存储食物的“蜘蛛智能网”，而万维网（WWW）就是对蜘蛛网的仿生。区块链也可以算是一个存储网络，因为它是一种存储和传递价值的网络。

互联网是通信的网络，神经网络是计算的网络。

10 算法的偏见

虽然 AI 由算法、数据和算力组成，但讨论最多的还是算法。如果 AI 没有自己独特的深度学习算法，就“沦落”成大数据或芯片产业的一部分了。

算法即权力，算法就是虚拟世界中的法律和制度。在现实世界的法律和制度日趋透明，数据日趋开放和透明，软件代码日趋开源的时候，很多算法却是不透明的，甚至是存在偏见的。

一些平台增加个人信用分的基本逻辑，是需要用户更多地使用平台自己的产品和服务。如果你不是平台的用户，就很可能会被“标记”为信用分不高。甚至个别垄断性平台，算法在计算个人信用时更像“黑社会”：你对它的任何投诉、质疑或差评，都会降低你的信用分。

在大数据营销时代，算法将提供个性化和定制化的服务，向你推荐最适合的产品或服务。但很可能你“被适合”了，真正感觉最适合的是商家。表面上是你获得了更多的选择，实际上是算法早已设定好了。

2018 年 2 月，媒体报道，在某旅行网站的算法中，基于大数据推荐的房间价格是 350 元，而市场价是 300 元，利用大数据“杀熟”没得商量，让你“只选贵的，不选对的”。

2018 年 2 月，资本市场遭遇历史上一次“算法股灾”，在 15 分钟内涌现出近 700 亿美元的成交额，ETF 基金集体沽盘，据说是算法共振引起的。基因单一的算法缺乏多元化的免疫力，很容易导致大规模的“算法疫情”。

图1.8　裹挟力量的算法

最常见的算法不透明的理由，是为了保护商业秘密。但在算法透明度和商业机密之间，需要找到一个恰当的平衡点，尤其是那些涉及社会公平和用户权益的算法，必须要得到有效监督。ACM（国际计算机协会）在 2017 年发布了一份算法透明的原则性文件，鼓励使用算法决策的系统和机构，对算法流程和结果进行解释。

事实上，行业内早已有大量开放的经典算法，如 A*搜索算法、二叉树排序算法、Diffie-Hellman 密钥协商、Dijkstra's 最短路径算法、RSA 加密算法等。

进一步讲，即使数据是中立的，算法是透明的，“算法偏见”也仍然广泛存在于搜索引擎、社交媒体、隐私保护、信用评价等方面。这是因为：首先，算法所使用的数据集，是根据人的设定做提取、转换和加载（合称 ETL）的；其次，在设计算法时，程序员为数据设定了特定的优先权、层次和类型，哪些数据会被采集，哪些数据会被丢弃，都是人来决定的。而一个人、一个开发团队甚至一家算法公司，本身可能是存在偏见的，自己却浑然不知。

尤瓦尔·赫拉利在《人类简史》中认为，算法在很大程度上决定了我们能够看到什么、听到什么、买到什么、与谁互动，以及与谁“结婚”。

算法或许比我们更了解自己，我们成了算法的木偶，可我们并不了解算法。

算法即权力。不管你愿意不愿意，你都在听算法的话。

11 AI必将失败

AI成立的基本假设是“智能即计算”，即用计算机实现人的智能是可行的。图灵机就是一种计算模型，把人使用纸笔进行数学运算的过程加以抽象，由一个虚拟的机器替代人做数学运算。这个模型是数学家阿兰·麦席森·图灵（Alan Mathing Turing）于1936年提出的。

图1.9　图灵（1912年6月23日～1954年6月7日）英国数学家、逻辑学家，被称为计算机科学之父，人工智能之父

理论上，任何能够用数学解决的问题都能交由图灵机来处理，图灵机是现代计算机的理论模型。在80多年里，虽然后人对图灵机进行了拓展，但仅涉及运算速度方面，并没有出现超越图灵机的新模型。

现在的各类计算机，无论是CPU、GPU、FPGA、ASIC

等芯片级的计算机，还是智能手机、PC、服务器等各种整机级的计算机，都是“图灵机”的不同实现。

智能和意识分离

AI已经实现了部分智能，但根据“图灵可计算性理论[8]”“卢卡斯论证”和罗杰·彭罗斯（Roger Pearose）《皇帝新脑》（*The Emperors New Mind*）等的各种研究成果，人的意识是非算法的，计算机只能执行算法，因此计算机是无法建立起自我意识的。因此，基于图灵机的 AI，在理论上无法自我觉醒。换言之，能够自我觉醒的 AI 不会基于图灵机模型，也就不会基于现在的各类计算机了。

即使智能即计算，可以实现 AI，但意识还不是计算，至少现在还不是。

所有的生物智能都是有“自我意识”的，智能和意识是不分家的。一个失去了自我意识的人（如精神病人、昏厥中的病人），也就没有智能了。但在 AI 的世界中，智能和意识是可以分离的。

AI 将意识和智能分离了，虽然不会像一些科幻电影里描述得那样自我觉醒，但会越来越智能。因为智能，AI 会替代你的工作；因为无意识，AI 不会有意控制你。人生最大的悲剧就在于——你的工作被它弄没了，它一点儿感觉都没有。

8. 可计算性理论（Computability theory）作为计算理论的一个分支，研究在不同的计算模型下哪些算法问题能够被解决。

如果“智能即计算”，也就意味着生物体也是生化算法，情感和智力也都是算法。土豆、猪和人类，都只是数据处理的方式不同而已。人类的所谓意识，只是生物预设或随机选择。但是，“生命即算法”的观点，仍然无法解释自我意识是如何产生的。

AI 悖论

一项社会心理学研究显示，超过 90% 的人认为自己的智商高于社会平均值，超过 90% 的人认为自己的驾车能力高于平均水平。大多数人认为，自己的平庸主要是因为运气不好而不是 IQ 低于平均值。

AI 的基本前提是假设“智能即计算”，即计算造就了智能。如果智能不是计算，智能的范围比计算宽广，或者计算的范围比智能宽广，那么 AI 在理论上就不存在。

基于同样的社会心理，当某个任务还无法用 AI 实现时，这个任务就是智能问题。但一旦取得技术突破，能够通过计算实现时，计算就不再是智能，充其量是自动化，该任务就会被 AI 直接除名。

在 20 年前，OCR（Optical Character Recognition，光学字符识别）还是 AI 家庭的一员，现在却因已经成熟而被 AI 除名了。在 1997 年 IBM 的“深蓝”战胜国际象棋大师后，业界说这是又一个蛮力计算、知识存储的产物。估计过不了几年，业界就会认为 AlphaGo 和 AlphaZero 也不是 AI，算法不是智能，也是“暴力计算”的结果了。

60 多年来，AI 软件或算法每当取得进展时，就会很快被嵌入到各种应用中去，成为特定应用的一部分。但那些科学或商业产品都会有自己专用的名字，这些进步都不会被叫作 AI。如现在广泛采用的车牌识别技术，在 20 年前还是一项经典的 AI 技术（图像识别），现在只是一个自动化程度稍高的车辆管理系统而已。

人类群体性潜意识地贬低 AI 所取得的成就，将所有成功的 AI 清除出 AI 队伍，其实是一种情绪的宣泄，是一种偏见，只是为了满足人类的尊严和优越感，让人类继续感觉自己是宇宙中独一无二的，最特殊的存在。

这就像人和动物的核心区别，一直在变一样。当人发现动物也会使用工具，会通过“镜子测试”，用丰富的语言交流时，这些差异就在人和动物的核心区别中被排除了，让人和其他动物继续存在明显差别。

现在，据说人和动物的核心区别是人类能够组织起大规模协同的社群网络。之所以加上“大规模”这个定语，是因为很多动物也能组织协同网络和社群，其实蚂蚁、蜜蜂的一些协同网络规模比人类的大城市还大。

“智能即计算”和“计算不是智能”，毫无违和感地并存，只是因为机器的计算能力已远超人类的计算能力，但我们固执且不断地修改什么是智能的标准，只是为了让人类的智能始终高于机器和其他生命。

计算与智能的内涵和边界，不仅是由人类定义和不断“完善”的，也是由人类充当裁判的，人类从来没有想过要征求AI 的意见。图灵测试用于判定 AI 和人类的智能边界，但图灵测试的游戏规则是由人类而不是由 AI 制定的。虽然 AI 可能已是“最强大脑”，但 AI 还是“傻”呀。

一切通过计算已经实现了的“智能”都不是智能，只是计算。一切比人强的 AI 应用都不是 AI 应用，是计算机应用。所谓 AI，就是机器还没有实现的那些智能。因此 AI 永远不可能成功，不可能超越人类的智能!

AI 的悖论在于，AI 就是机器还无法实现的那些智能。

延伸思考：

1. 人是猴子变来的，猴子出现在恐龙统治地球的后期。当恐龙看到树上的猴子时，是否会意识到，将来猴子的后代会代替它们，成为地球的新霸主？今天的人类会同情恐龙的境遇吗？恐龙是真的灭绝了，还是成了今日鸟类的祖先？

2. 植物没有大脑，但具有特殊的嗅觉、听觉、触觉和味觉，彼此也可以沟通，因此是有智能的。现在的 AI 算法模拟的是人类大脑中的神经网络，那面向植物和其他动物的智能，该如何设计算法呢？神经网络算法不能做什么？

3. 算法是人类为数字世界设计的运行规则。在数字世界，算法的执行是刚性的；对设计者之外的其他人，却是个黑箱般的“潜规则”。世界正运行在各种算法上，应该监管算法吗？

参与专题讨论，听作者答疑

PART

02

第二部分

区块链的理想图

当草根创新遇上现实世界

The Utopia of the Blockchain

When grassroots innovation encounters with the real world

引言

在800多年前，地中海沿岸国家和地区的商业和手工业飞速发展，经济往来频繁，货物倒手频繁，对很多商人和机构而言，记账是一种真正的负担。

那时的人们采用的还是传统的单式记账法，即今天很多家庭仍在采用的流水记账法，有收入就记收入，有支出就记支出，在交易量小的情况下，一天记几笔不算事儿，但是如果一天有上百上千甚至上万笔交易，记账就成为实实在在的“体力活”，而且还容易出错，难核对、难追溯。

困难就是生产力。被逼无奈下，佛罗伦萨的商户发明了复式记账法。与传统的单式记账法相比，复式记账法以“借”和“贷”为记账符号，针对任何一项经济业务，都会用相同的金额在两个甚至两个以上的账户中进行登记。也正是因为把复式记账法发扬光大，100多年后的威尼斯银行业快速发展，威尼斯也借此高科技成为当时的欧洲金融中心。

今天，复式记账法已经几百岁高龄了，一直因为没有“接班人”而无法退休，直到区块链技术的出现。区块链正在打破传统的集中式记账方式，建立起一套全新的分布式记账方式，这无疑将对我们的经济和社会生活的方方面面带来深远影响。

12

残缺的数据库

狭义地理解，“区块链”是一种数据结构的名称。广义地理解，“区块链”是一类数据库管理系统和应用的名称。

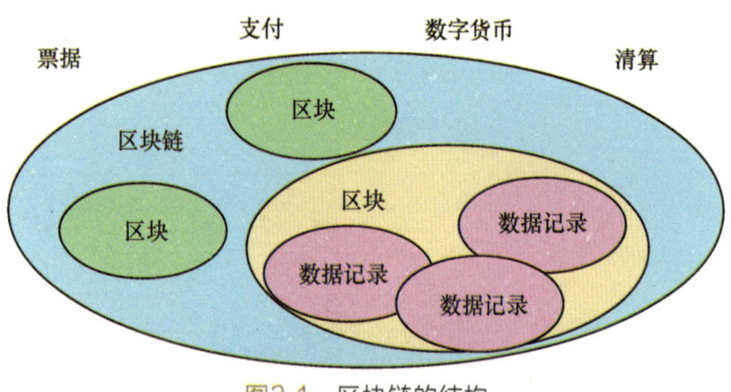

图2.1　区块链的结构

区块链先用一个个“区块”记录数据，再用一条条“链”把区块按时间顺序连接起来，再应用密码学、公开数据记录和分布式计算等，设计出了一种新型的数据库管理系统。

每个区块都由 3 个部分组成：前一个区块的哈希值、时间戳和交易记录。通过在当前区块中保留前一个区块的哈希值（前一个区块压缩后的数字指纹），前后两个区块之间就有了联系，后者可以通过加密的哈希值，即指纹来验证前一个区块的完整性。

如果按时间顺序重复这个过程，区块就会不断增加形成所谓的“链”；如果按时间逆序从尾部开始查阅这条链，不断追溯确认前一个区块的完整性，就可以找到真实的历史记录，回到创世区块了。

时间顺序的确定靠的是时间戳，代表了每个区块的生日，更准确地说应该是“生秒”。区块链给每个区块打上时间戳，与邮局给每封信盖邮戳的目的类似。

区块链通过 P2P 网络和分布式的时间戳服务器自动管理数据库，通过集体维护和审计数据记录，克服了数字资产可以无限再生（如“双花[9]”）的问题。

9. 双花，即双重支付，指的是利用货币的数字特性用“同一笔钱”完成两次或多次支付。

在区块链的世界里，数据的最后一个拥有者才是该数据资产的真正拥有者。之前所谓的拥有者都只是信息而不是资产的拥有者，仅仅是资产的过客，只为证明最后一个拥有者的合法性。当然，数据资产的创造者是第一个拥有者，在交易完成之前，他也是最后一个拥有者。

对于篡改数据，传统数据库无法依靠技术，而是依靠“库外”的管理和控制等。区块链内置了防篡改的技术。

一是引入本地化的可追溯性。如果修改某区块的记录，就需要修改此区块后产生的所有区块的记录。

二是引入全网性的碰撞检测。如果修改某区块的记录，还需要得到区块链网络上其他计算机的同意。

相对传统数据库，区块链就成了一种“残缺”的技术。传统（关系）数据库技术具有四大基本功能 Insert（插入）、Select（挑选）、Updata（更新）和 Delete（删除），区块链把传统数据库直接“打残”了，只保留了 Insert 和 Select，剪掉了 Upate 和 Delete，只允许按时间顺序往数据库里 Insert 数据，只允许用 Select 做查询，不允许 Update 修改数据，也不允许 Delete 消灭数据。

当然，与传统数据相比，区块链的创新不是只做了减法，还增加了一些非常重要的新特点，如自激励的 Token、智能合约、分布式共识等。

历史上，人类主要是用石头、泥板、龟壳、竹简和纸张等绘画和做记录。已发现的第一个蚀刻图案，来自 50 万年前印度尼西亚的一个蛤蜊壳上。2018 年《自然》杂志发表了一篇文章，详细介绍了一块来自 73000 年前的，用赭石画了 9 条红线的石头。1929 年，考古学家在美索不达米亚的乌鲁克（Uruk），也就是今天的伊拉克境内，发现了一块 5000 年前的巨大黏土泥板，上面写满了楔式文字。充当“会计”角色的人，在这块黏土板上用简化了的符号，“对应计数”地记录了绵羊、谷物和蜂蜜罐的使用情况，这可能是世上最早的账本。

现在，数字化记账技术逐步取代了石头、泥板和纸张等，在带来了灵活性、易修正和易传播等优势的同时，也带来了更容易篡改账本甚至不会留痕的问题。2001 年，曾居《财富》（*Fortune*）500 强第七位的安然公司，因为会计造假正式申请破产。

无论是纸张还是数据库工具，目前都是集中式记账。只有控制中心节点的人或组织才可能篡改账本。从技术上看，中心化的数据保存方式存在天然的脆弱性，如在遇到重大灾难或遭受安全攻击时。

区块链是分布式存储，集体维护记录的产物，于是分布式账本来了。

相对传统数据库，区块链是“残缺”的，缺少了“更新”和“删除”，因而也就具备了防篡改功能。

13 分布式账本

区块链的火爆，让分布式账本的概念为众人所知。

分布式账本，与之对应的是中心化账本。网上流传着很多版本的故事来讲述二者的差别，其中最典型的案例就是“村长记账”。在一个 500 人的村庄里，有一位德高望重的老村长，村民都非常尊敬和信赖他，因而在很长的一段时间内，村子的账目都由村长一个人记录，这就是所谓的中心化账本，或者说集中式记账，村长就是中心。在这种方式下，全村人都比较省心。但是如果村长记错账或者做假账，那么全村人的利益都将受到损害。如果村长不小心弄坏了或者丢失了账本，那么将带来不少的麻烦。

与中心化账本相比，区块链代表的分布式账本更加安全可靠，同样还是这个村，如果采用分布式记账，那么就是全村的居民人手一个账本，发生了任何一次交易，每个村民都在自己的账本上记录下来。就算村长真的丢失了账本，另外还有 499 本同样的账本。并且在这样的机制下，任何一个村民做假账，都不会影响整个账本的准确性。

“村长记账”确实是一个生动的例子。从技术上看，分布式账本是对分布在不同地点、机构或国家（地区）的数字化数据做复制、共享和同步的一种共识，核心是没有中心管理员和中心化的数据存储。因此，分布式数据库和分布式账本是不同视角的产物，前者是工程师和技术视角的，后者是会计和用户视角的。

分布式账本需要分布式网络和共识算法的支持，实现方式之一就是区块链，但不一定就是“区块”和“链”组成的数据结构。传统金融机构等推动分布式账本的目的：一是节约成本；二是降低运营风险。

早在20世纪80年代就已经出现了成熟的分布式数据库系统。系统中每个节点都可能具有一份完整或部分拷贝数据的副本，并具有自己局部的数据库。位于不同地点的许多计算机通过网络互相连接，共同组成一个逻辑上全局集中、物理上分布的大型数据库。

区块链发明之前的分布式数据库，都与分布式账本没什么关系，甚至连分布式账本的概念都没有。那是因为在区块链之前的分布式数据库，分布式的目的是提高数据库的扩展性和容灾能力，而不是为了防篡改。

如果从记账的角度看，从会计使用的角度看，之前的分布式数据库仍然是集中式的，因为还是只有一个主数据库，系统的节点之间不是对等关系，是从属或主备关系，存在中心管理员和中心存储节点。

如果当一家企业的会计入账时，在传统分布式数据库中有一个中心化的权威数据库，被授权的会计会把信息先写入该节点的数据库，其他节点的数据库几乎只是简单地复制中心节点的全部数据。而在区块链场景下，企业会有多个关系平等的会计，每个会计拥有的账本数据库也是对等和独立的，入账时需要会计根据事先约定（即共识机制）协商一致，集体维护账本，而不是由某个权威的会计或中心节点说了算。

	分布式数据库	分布式账本
视角	供给侧 / 工程师	需求侧 / 会计
内部关系	主从	对等
维护方式	中心点	集体

图2.2　分布式数据库与分布式账本的特征

相对基于传统集中式的数据库系统和记账方式，基于区块链的分布式账本会更快捷、更安全和更便宜，当然随之而来的是系统可能更复杂和性能更差。

区块链是实现分布式账本的技术之一，目前还是唯一。

14 革命幼稚病

云计算需要海量的服务器，才可能产生资源利用的规模效应。大数据需要海量的“非结构化”数据，才可能发现新的价值。人工智能不仅需要海量的并行计算能力，还经常需要训练海量的数据后，才可能习得新智能。

云、大数据、AI等都与“海量”有关。与“大佬”的游戏需求不同，区块链是来自“草根”的重大技术创新。P2P精神永生，但P2P应用不断经历生死，区块链是P2P应用的一个新变种。说到P2P，就不得不提到1999年诞生的Napster，这个在美国大学中兴起的音乐共享软件，不仅让用户可以在网络中下载自己喜欢的MP3软件，还可以让用户的电脑也成为一台服务器，为其他用户提供下载服务。Napster开创了P2P的先河，而今天正在兴起的区块链是对以Napster为代表的P2P应用的一次重大升级。

“草根式”技术创新，经常有两个特点。一是分布式（P2P），方便用技术发动广大人民群众积极参与；二是从边缘市场开始，如游戏娱乐等，经常是主流市场不容易注意到的地方。

只在一些不起眼的地方“搞事情”，且以分布合作的方式，才容易颠覆成功。典型代表互联网就是从当时还很小众的计算机开始，从游戏应用起家，分布式地连接了每台计算机和网络，低调大气不奢华，从而在监管机构和电信巨头等的眼皮子底下取得了成功。

互联网开始大规模改变世界，“互联网 +”是在 2014 年提出的，这时互联网已成功商用了 20 多年，TCP/IP 已应用了 30 多年，阿帕网实验已过去了 40 多年。

另外，技术本身也是一个生态。区块链是一种数据管理技术，是一种分布式数据库技术。数据库是一种软件技术，是计算机和互联网技术的一个分支。计算机和互联网是一种信息技术，是在硅、电力、工业制造业技术等的支撑下实现的。而电力技术又只是工业革命后才出现的一种技术，在电力之前还有马镫、马桶、纸张、陶瓷、车子、房子和筷子等，这些都是历史上重要的技术发明。

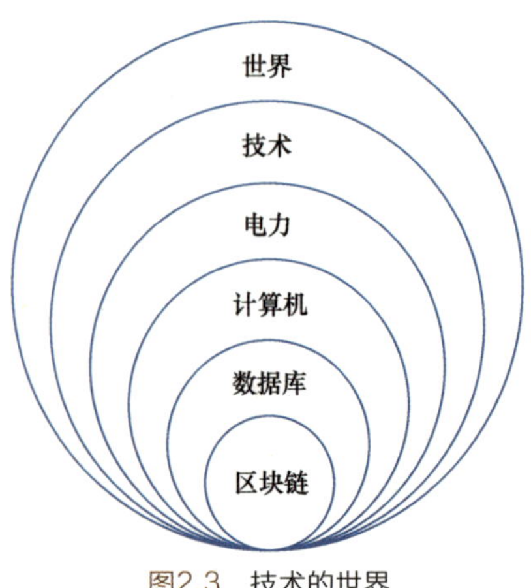

图2.3　技术的世界

区块链的世界再大，核心也只是数据管理技术，区块链改变不了牛顿运动定律，改变不了量子世界。

一项技术从开始应用到大规模改变世界，通常需要一代人的努力。而且除了时间和耐心，还需要一定的市场策略。如很多颠覆式的技术在应用初期，是从市场的边缘，或者说一些不太核心的应用开始的：一方面是因为实力太弱，无法和市场主流技术抗衡，另一方面是有意避免引起市场主导力量的注意，防止还在襁褓就被扼杀。区块链在发展早期就高调地宣布要“穿透式”地颠覆世界，而且要从宇宙最中心的货币开始，是明显得了“革命幼稚病”。

另外，区块链的三大核心技术支柱，去中心化、匿名和防篡改，本身也是理想化的产物。商业的力量会在区块链的世界里，逐步建立起新的中心。匿名不是目的而是手段，只是为了更好地保护数字资产。防篡改是必需的，但不能扩大成出现问题也不能修改。为了适应市场，区块链的核心技术和“周边技术”都将发生显著变化。

如果区块链可以颠覆世界，那只因为你的世界太小了。

区块链只是信息技术的一个“区块”，必须与其他技术和场景“链”起来，才可能占据一个生态位。

15 去中心化魔咒

亚当·斯密（Adam Smith）在《国富论》中指出："交换是人和动物的区别，是人类的本能。我们从未见过两条狗公平审慎地交换骨头。"因为人类早已发现交易会产生新的价值。

虽然在300多年后的今天，科学家已经发现了一些动物也会交换，但人和动物还是存在重大区别的。一是可以发生在陌生人之间，二是发明了代币当介质。

人类大多数的交易发生在陌生人之间，因此需要一个共同信任的中心。如在部落社会，借助共同的神灵、神话中的共同祖先或图腾动物等。现代社会的交易范围更广泛，全球60亿人没有了共同敬仰的神灵、祖先或图腾，只能采用政府、法律和WTO，以及中央银行和交易所等中心化组织，以提供权威的信用中介服务。

从代币的角度看，中心化的价值交换组织一般起 3 个作用：

一是验证代币的真实可靠性，防止假币；

二是保障一旦接受了商品或服务，就不能再要回代币；

三是保留交易细节的档案，以防欺诈和审计等。

比特币希望去掉美联储等中央银行这类代币的价值中心组织，核心理由是中央银行通过修改自己的资产负债表，搞 QE（Quantitative Easing，量化宽松）滥发货币，却没有人能够监督和控制。区块链希望去掉更多类型的价值交换中心，核心理由是针对企业做“两本账”或伪造自己的资产负债表的情况，监管机构只能事后审计且这种行为不容易发现。

一些区块链的创业者找中心机构推销区块链，要其买单的理由竟然是“去中心化”，因为这些中心机构不值得信任。这些机构人员的反应往往是我没有听错吧？你说我不值得信任，你要去掉我，还要我为你埋单，是你不切实际了还是我听错了？

比特币是区块链最早的应用，其去中心化的理想早已被现实粉碎。

• 代码高度受控。比特币的核心代码，是由 Core 小组不到 20 个人说了算。

• 算力高度集中。比特币挖矿的算力，超过 70% 来自同一个国家，来自一两个企业生产的矿机。

• 代币高度集中。根据 AQR 资产管理公司 2017 年 12 月的数据，40% 的比特币由全球 1000 个地址控制。2017 年的一份研究报告称，96.53% 归属 4.11% 的地址。

图2.4 哈勃望远镜拍到“恒星摇篮”新星被蓝雾包裹。NASA发布了由哈勃太空望远镜拍摄到的“恒星摇篮”奇异影像。在宇宙深处，新生恒星群隐藏在ngc346星云中。在这些初生的恒星中，最小的只有太阳的一半。

当比特币的代码中心和算力中心无法形成共识时，迎来的是一次次的分叉，一个个的“分叉币（IFO[10]）”。在一段时间的碰壁后，业界把“去中心化”改成了“多中心化”，中心多了也就没有中心了。在区块链的解决方案和体系架构中，出现了越来越多集中化的色彩。

区块链技术信仰分布式商业，但商业的力量更崇尚集中式控制，区块链正在从理想国坠落到商业的世界里。

高喊去中心的，大多是自己想成为新的中心。

10. IFO（Initial Fork Offering，首次分叉发行）。与首次币发行不同，IFO 通常是建立在主流加密货币的基础上进行分叉，通过分叉前持有主流加密货币即可获得数量相等的对应分叉的分叉币，即另一种虚拟货币。

16 化名不等于匿名

1993年7月5日，美国杂志《纽约客》（*The New Yorker*）发表了漫画家彼得·施泰纳（Peter Steiner）创作的一幅漫画：一只狗坐在电脑前告诉它的同伴："在互联网上，没人知道你是一条狗。"

这幅漫画，凸显了当时互联网引发了人们对网络匿名性带来的好处的思考，就连两条狗都可以上网冲浪，而且还没有人知道。

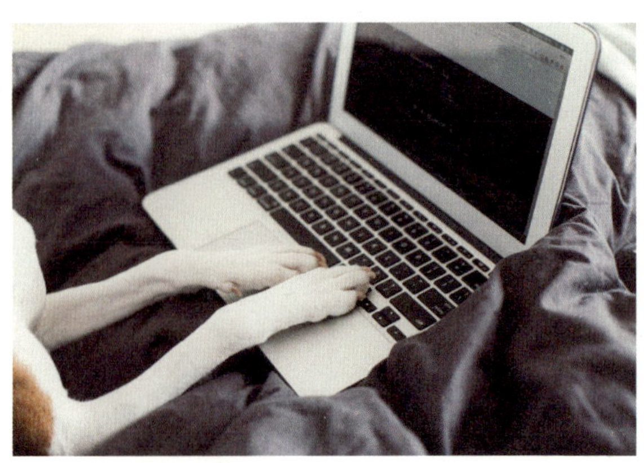

图2.5　在互联网上，没有人知道你是一条狗

技术上难以匿名

在传统金融机构的账本设计中，一个账户可能是实名的，也可能会“前台匿名、后台实名，甚至是匿名的，但账本中每个账户的内容（即金额）是必须保密的。

区块链的设计反过来了：一个账户是匿名的，但账本中所有账户的内容必须是公开的。因为只有将账户内容公开了，拥有独立账本的会计之间，才可能核对账目和彼此监督，才可能实现分布式记账。

新旧两套系统对隐私的理解正好相反，在传统金融的账户系统中，账户中的金额是隐私；而在区块链的账户系统中，账户的最终归属是隐私。但无论哪种系统，账户标识都是用于区别不同用户的，因此必须至少在系统内，是全局唯一和可公开的，这是所有账户系统设计的基本准则。

为了交易的便利性，区块链的账户（地址）标识需要一定的稳定性和一致性。又因为所有账户的内容是公开的，交易时的 IP 地址也是公开的，地理位置可以被定位，所以实际上掩盖账户归属（交易身份）是非常困难的。

行为暴露身份。常在河边走，哪能不“识”鞋？

当然，你还可以利用洋葱路由[11]（OnionRouting），经常变换账户地址等方式来保持区块链的匿名性，但这样做不仅太过复杂，还会引起监管的更大怀疑：你蒙着面到银行存取款是什么意思？

11. 洋葱路由，一种匿名沟通网络技术。

链上与链下的融合

根据应用情况，区块链经常被划分为两个或更多个发展阶段。区块链 1.0 时代，是单一应用时代，以比特币为代表。区块链 2.0 时代，从单一应用发展成平台了，同时增加了智能合约等特点，以以太坊平台和虚拟币以外的多种分布式应用为代表。

在区块链 1.0 时代，区块链上的记录源于母体的数字货币，区块链自产自销的是原生虚拟资产。这是一个封闭的数字价值世界，不需要与物理世界打交道就可以运转，匿名是完全可行的。

但到了区块链的 2.0 时代，区块链上记录和交易的大多不再来自区块链原产地，可能是物理世界的股权、版权、产权等，记录的是物理世界的权利与虚拟世界的权利的映射关系，是一种价值登记的新模式。

区块链 2.0 是匿名的权益登记体系，而现实世界是实名权益登记体系，虚拟无法照进现实。如果区块链映射的匿名资产，是一些缺少发行人和持有人真实身份信息的内容，从法律意义上讲就是无效合同了。

未来，随着区块链越来越多地承载物理世界的权益，如银行账户资金、房产信息、保单、会员卡信息等，匿名性也会像“去中心化”一样，成为资产登记机构和金融机构等主流企业应用的绊脚石。

化名才重要

25 年前刊登在《纽约客》的漫画强调了网络的匿名属性，而 25 年后的今天，在互联网上，我们已没有任何隐私。

随着大数据的发展，用户画像技术已经成熟，这让匿名在数学上已经不可能。20 多年前，利用性别、邮编和出生年月日，可以识别出 87% 的人。而现在根据一项研究，通过分析用户 4 个曾经到过的位置点，就可以识别出 95% 的用户。

2018 年上半年，全球范围内爆发了隐私危机。从媒体报道的大数据杀熟、用户开房数据的公开叫卖、Facebook 的听证会，以及欧盟推出的 GDPR[12] 等，都说明了目前泛滥的隐私泄露现象以及保护隐私的重要性。

匿名的区块链小舟，漂泊在没有隐私的互联网上，生存于物理世界的汪洋大海中。区块链从匿名走向化名甚至实名是必需经历的过程，无论是主动还是被动。

在互联网上，你没有隐私，你只是在蒙眼裸奔。

12. GDPR（General Data Protection Regulation），即《通用数据保护条例》。该法案于 2018 年 5 月 25 日正式全面施行，被认为是史上最严的数据保护条例。

17 修改不一定是篡改

这个世界总是存在各种各样的误解和错误。伽桑狄的名言告诉我们："与其说我们有权防止错误，不如说我们有权不坚持谬误。"

技术无关道德和正义，从来都是把双刃剑。会计电算化让现代社会主要的记账方式从纸笔走向了数字化的数据库技术，这在极大提高记账效率、便利性和准确性的同时，也在不同程度上提高了做假账时的效率、便利性和隐蔽性。

假账泛滥，因此在区块链的几大特征中，最吸引人的是"防篡改"。因为之前的数据库技术支持分布式和匿名性都没问题，所以催生了各种安全和信用问题。直到区块链技术这种真正"防篡改"的技术出现，让这些问题迎刃而解。

或许是人们太希望数据库是不可篡改的，以至于在现实应用中，很多人在看待区块链"防篡改"这个属性时，很容易混淆"篡改"和"修改"。

篡改成了修改

根据数据库理论，所有的数据库管理技术都会包含“Insert”“Select”“Update”“Delete”等，修改是其基本功能，不支持“修改 / 篡改”的数据库只能被认为不是个数据库。

但在一些场景中，一些组织或个人把数据库所具备的“修改”能力，当作篡改能力使用了，导致假账频发，于是就有了区块链，去除了“Update”和“Delete”等数据库的基本功能，把一个可以编辑修改的数据库，演变成了只能单向“Insert”的、“一次性写”的数据库技术。

以前是技术可以修改数据库记录，可以 Update 甚至删除。现在是技术不能修改数据库记录，只能按时间顺序 Insert 后面，这在现实应用中规避了大量的“造假”风险。

2009 年，深圳福彩中心销售系统被内部人员非法入侵，中奖彩票数据记录被人为篡改，伪造 5 注一等奖，涉案金额超过 3305 万元。

显然，在区块链的世界里，很难发生类似的事情。首先，数据是按照时间顺序写入的，一旦人为数据造假很容易被发现，而且就算一个区块中的数据被从头到尾全部篡改了，也无法篡改其他数不清的区块，因此，在区块链的世界中，做假账成为不可能。

区块链的世界冷冰冰，误操作也是操作，欺诈交易也是交易，它们一起组成了这个不完美世界的一部分。所有记录都只是时光机上的一个时间切片，所有交易都是时间的影子。

修改成了篡改

区块链的世界没有后悔药。有人的地方就可能会出现误操作，有利益的地方就可能会出现诈骗。虽然在区块链上或许较容易发现，但不能阻止。

在区块链的世界里，识别修改还是篡改是一件技术以外的事情，你只能用下一个不可修改的操作，来弥补前一个错误的操作。修改还是篡改，是一件事关道德、法律、政治和商业的，更高维度的事情。

在区块链世界里所有的修改都是篡改，但在人类世界里防篡改不是“去修改”。一些人眼中的修改，是另外一些人眼中的篡改。成功者修改历史，失败者篡改历史。修改还是篡改，经常只是规则和价值判断不同而已。

传统数据库可以修改记录，因此在管理制度上就要设法审计和追溯篡改的发生。如根据目前的会计制度，账务数据是允许做差错处理的，但同时对差错处理时的清晰留痕做了详细的规定。

区块链无法修改记录，导致在发生差错时，缺乏类似会计制度中的差错处理机制。如 2016 年 6 月 17 日发生了区块链发展史上重大的攻击事件——TheDao，当时最大的区块链众筹项目，由于编写的智能合约存在重大缺陷，使得 TheDao 被攻击，导致资产被分离出去。

这个事件的发生，让区块链陷入了程序正义还是内容正义的纠结，导致一些机构提出，在不可篡改的区块链上，需要增加“纠错（修改）”机制的方法。

分叉就是修改

区块链的“防篡改”指的是链上的数据和记录，而不是区块链本身。

区块链是人设计的，可能出现编程漏洞，也可能需要软件升级等。因此区块链不反对软件漏洞类的“修改”，并且将其命名为“分叉”，并且“分叉”又被分为“软分叉”和“硬分叉”。

最近几年，集中化的代码社区 Core 小组和大矿池联合，已经做过多次“友好”的“软分叉”（系统维护和升级），也有因为利益不同而分道扬镳的“硬分叉”。

换言之，虽然区块链上的数据是可以防篡改的，但区块链本身是可以修改的。记录数据的人或机器是不能犯错误的，没有纠错机制；而开发软件的人是可以犯错误的，是可以分叉的。

后者开发的软件，控制着前者录入的数据。在区块链的世界里，数据不会被修改，但承载数据的区块链可能会被修改甚至消失。

区块链主张的是“Code is Law（代码就是法律）”，但代码是被极少数人控制的。

删除的意义

生活在一个不完美的世界里，业界需要的是一个可以防篡改的区块链，而不是一个无法纠错的区块链。

以前是账户公开，财不外露。区块链是财富公开，人不外露。但根据无法删除的公开记录，是可以分析出交易对应的人是谁，以及他拥有的所有财富。

2014年，欧盟最高法院裁定，普通公民的个人隐私拥有“被遗忘权”，并据此要求搜索引擎等必须按照当事人的要求删除涉及个人隐私的数据。2016年，欧盟出台了《数据保护通用条例》，明确了消费者有权从与其交易往来的公司记录中抹去所有个人数据的痕迹。

区块链不可修改，让数据永生的做法，与法律规定的“被遗忘权”，在一些方面天然存在冲突。

18
无共识的共识机制

共识不是新概念，不只属于人类，猿和猴也有自己族类明确的共识机制。

根据爱德华·希尔斯（Edward Shils）的“共识理念”，共识的达成需要以下 3 个条件。

- 规则认同。团体成员共同接受法律、规则和规范。
- 机构认同。团体成员一致认可实施这些法规的机构。
- 身份认同。有了团体意识，成员才会承认他们的共识是公平达成的。

根据这个“共识原理”，形成了一个共识的前提条件，是事先在规则、机构和身份方面，先形成 3 个其他共识。一个“共识孩子”，需要 3 个“共识之母”的孕育，可见形成一个共识是多么困难。更容易出现的场景是，一言不合就互相伤害。

互联网源于分组 / 包交换技术（Packet Switching Technology），是 1962 年 Paul Baran 在《分布式通信网络》中提出的。这篇文章被认为是现代共识机制的起源。他在这篇文章中提出了用数字化加密签名，在修改数据前认证用户的共识机制。

像区块链技术等在建立自己的共识机制之前，至少需要先（默认）形成以下共识：

- 假设没有决策中心，众生平等；
- 验明众生的身份；
- 约定好消息格式和流程；
- 共识的完整性、防抵赖和隐私保护；
- 即使部分实体不愿意或不能参与，共识机制也能正常运行；
- 形成共识的效率不能太低。

目前，区块链常见的PoW（工作量证明）、PoS（权益证明）和DPoS（股份授权能证明）等共识机制，可以折射出人类共识形成的历史。

了解PoW的历史，你会发现它最早的用途是利用计算的不对称性，防DOS攻击和反垃圾邮件的，与共识机制没什么关系。

在技术进步和社会财富不断积累后，力气大的人开始不那么重要了，财富的多寡成了智慧和能力的重要标志。PoS是比谁占有的财富多和占有的时间长，谁说了算，谁就是共识。

而DPoS共识机制，很明显类似于现代企业制度中的董事会投票，持币者投出一定数量的节点，代理他们进行验证和记账，是代理人制的一个数字变种。

现实社会的共识形成，主要靠文化、习惯、法律、宗教和其他权威等。PoW、PoS、DPoS 等只是记账层面的、控制这些共识机制的共识机制。

人类社会在一些领域形成的共识还没有被迁移到区块链中，还无法做到可编程。与此同时，随着区块链的应用场景越来越多，对共识机制无法形成共识，会成为新常态。

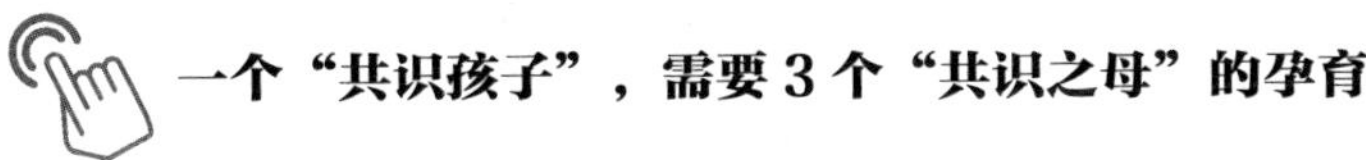

一个“共识孩子”，需要 3 个“共识之母”的孕育。

19

区块链这块补丁

区块链会不会颠覆互联网？在区块链最火的时候，有人提出了这样的质疑。事实上，在互联网 30 多年的发展历程中，每隔几年就会出现一个类似“下一代互联网”的技术，而且每次声称要解决的问题都不一样，当然名字也不同。

最新的一个“下一代互联网”就是区块链，声称要解决互联网传递“价值”时效率低下、信任不够的问题。

在 TCP/IP 应用的 30 多年里，不断有人预言互联网会崩溃，从垃圾信息、路由表爆炸到安全攻击，理由不一而足，但互联网一直还算健康地活着。

原因是，业界一直在为互联网打补丁，大补小补都是补。互联网的架构设计得极其灵活，这些所谓的“互联网 +”，导致互联网的内涵和外延一直在扩大。当然“网到中年”的互联网，身上的赘肉也不少，理论上可以做“互联网 -”，但减肥不易啊。

当发现 IP 地址不容易记忆时，域名系统（DNS）补上了。
当发现 IPv4 地址要耗尽了，网络地址翻译（NAT）补上了。
当发现路由表可能爆炸时，路由聚合技术补上了。
当 WWW 服务器遇到瓶颈时，内容分发网络（CDN）补上了。
当服务器簇也遇到瓶颈时，云计算补上了。
当发现很多用户不会使用键盘时，智能终端触摸屏补上了。
当发现互联网不够智能，不够精准时，AI 和大数据补上了。
……
它们都是互联网的大补丁。

区块链与 DNS[13]、CDN[14]、P2P 下载、云计算、移动互联网等一样，是互联网的又一块“补丁”，只是大点而已。

为什么呢?

互联网最初的设计目的是计算机通信，是用来传递数字信息的。但现在，越来越多的数据正在资产化，资产正在数据化。互联网传递的数据，不仅是信息，还有价值不菲的数字资产。

如果数据是信息，复制、传播和共享就是关键词。如果数据是资产，独占、控制和交易就是关键词。

在这样的需求下，于是就有了区块链——所谓的用于传递价值的互联网。正因为有了价值互联网的概念，之前的互联网也就被冠以“信息互联网”的说法，就像移动互联网把之前的互联网叫作桌面互联网一样。

13. DNS（Domain Name System，域名系统）是因特网的一项核心服务，它作为可以将域名和 IP 地址相互映射的一个分布式数据库，能够使人更方便地访问互联网，而不用去记住能够被机器直接读取的 IP 数串。

14. CDN（Content Delivery Network，内容分发网络），基本思路是尽可能避开互联网上有可能影响数据传输速度和稳定性的瓶颈和环节，使内容传输得更快、更稳定。

无法颠覆互联网

信息和价值不是对立的，也不是并列的，而是有重叠的。

在数字世界里，价值就是符号，价值本身就是一种信息。但有些信息是有价值的，有些信息可能是垃圾，有些信息还可能是 DDOS 安全攻击（价值是负的）。

在互联网上，信息的概念比价值的概念大。区块链在保证信息可以传播的同时，让数据的最后一个拥有者拥有价值，其他中间拥有者都只拥有信息，只是价值的过客。

因此，价值互联网必须运行在信息互联网上，区块链必须运行在互联网上。区块链颠覆不了互联网，更颠覆不了世界，当然世界也需要这个补丁。

区块链传播信息时，只有该信息的最后一个拥有者才拥有价值。

20 懂编程的律师才是好会计

智能合约是指所有条款都是用计算机语言书写的合约。这个概念早在 1994 年就提出来了，但这个理论一直没有得以落地。智能合约真正焕发出生机，还是要感谢区块链引入了这个概念。

合约属于法律范畴。在人类文明史上，合约实际上包含了大量的常识、假设和无须清楚说明的惯例等，其中有些很难在商业合约中明确描述。

区块链时代的智能合约，加上了“智能”两个字加以约束，就是合约写入区块链后的不可更改和无条件执行，是由区块链自动执行的合约，而不是因为合约具有天生的智能。

现实中的智能合约不考虑任何法治精神、契约精神和合约外其他“未编程”的因素等，只是基于规则并严格按照规则行事，机械地执行命令。在这个过程中，被称为“智能”的原因，并不是普遍意义上的“智能”。

理想的智能合约中的“智能”不是机械的，而是复杂的，不是一成不变的，而是会动态学习的。

面对这样的情况，程序员如何编程呢？

人类的智慧，很难用语言描述，更难以用机器语言描述。如果智能编程本身就是一件非常困难的事情，编程后还根本无法更改，简直就是雪上加霜。

律师、会计和程序员等人的职责都会发生很大的变化，不再只是审验合规性，还要负责入账规则和编写代码。所以，程序员首先要让智能合约变智能，这可能需要引入人工智能和新的合约编程语言等，并且还要培养大批合格的智能合约程序员。这些程序员要懂合约，还要了解记账，看来只能让懂法律的会计当程序员了。

当然，还需要不再坚持“Code is Law”，在发现违背常识、精神和原则等抽象概念的情况下，允许外部“超机器”力量介入，干预合约的更正和执行。因此，在未来，一个善于发现智能合约中的瑕疵并据此获利的人，可能不会被称为黑客或被认为是在犯罪。

现在，具备了上述特性的智能合约在我们生产和生活中将发挥着重要的作用。例如，基于智能合约，房地产交易风险大幅降低，买房者的资金和卖房者的房屋所有权等信息都存储在智能合约中，只有卖房者支付了相应的资金，系统才会自动将房屋的所有权转移，而且这一系列的操作都是在第三方的监督下实现的。这意味着如今很多房产中介的功能都将被智能合约替代，房屋买卖的效率将进一步提高而且成本也将更低。同时，智能合约还能帮助企业提高供应链管理的效率并降低成本，商品从工厂到货架上的每个步骤都将被系统记录下来。

区块链正在驱动程序员、律师和会计三大角色重合。

21 不能轻信区块链

不能随便托付信任，除非区块链已经被证明是值得信任的。

区块链主张，从信任机构改为信任机器。

机构 = 机器 + 人

区块链创造了数字世界的一种新型信任机制。信任是有锚点的，任何信任都有“信任之母”，区块链不可能去除信任。

一个系统因为引入了区块链，我们就完全可以相信它。如果有人这样宣传，那么他很可能是个骗子。

区块链在让中心化的第三方下岗的同时，自己上岗了。而一个应用系统的组成，显然不只有区块链和第三方中心。

因此，一个区块链应用系统要获得更多的信任，一是要证明所使用的区块链可信任；二是区块链应用的环境要真实。

区块链要“自证”清白

在许可链（如联盟链和私有链）中，用户的授权和访问控制，需要由值得信任的管理员来执行。

虽然在公有链中去掉了管理员这个角色，但无论是公有链、联盟链还是私有链，还都需要信任自己的组成部分。

• 必须信任所选用的加密技术。但是，加密算法或实现可能会有缺陷，智能合约也可能会有漏洞。

• 必须信任所运行的软件。要祈祷程序员是个天才，所开发的软件没有 BUG。

• 必须相信用户之间不会共谋。如果一个群体或个人控制了 PoW 系统中 51% 的算力，或者 PoS 系统中 51% 的投票权，整个区块链的防篡改功能就失效了。

• 必须相信节点的中立性。要假设节点会公平地接受和处理每笔交易，类似于“网络中立”的法律原则，但“区块链中立”还没形成标准和法律制度。

业界有人宣称“没人能够控制一个区块链”，实际上更准确地表达应该是：“在区块链系统的规则下，没有人能控制你什么时候、与什么人做交易。”

应用环境不可信

这是历史遗留的问题，虽然这个锅不应该让区块链来背，但区块链应用也要依存于互联网的大生态，因此无法独善其身。

区块链具有防篡改能力，但只是数据已经在链上的时候。

在数据写入链之前，离开区块链之后，是否被篡改了，区块链是无从得知的。

还有一些应用场景，如溯源等，虚拟世界链上的数据与对应的物理世界的物品必须存在“不可更改”的镜像关系，应用才可能真正可信。

不像区块链的虚拟币应用是一个闭环，在这种“非闭环”的应用场景中，虽然区块链上的数据是不可篡改的，但链上的数据与物理世界物品的“关联关系”不能上链，因此可以篡改。

防篡改的区块链，数据要“生于链、用于链”。

可信区块链计划

区块链只是改变了信任的锚点，从机构转向了机器。

但这台信任机器本身，也是由人制造的，是由多种技术组成的。而人可能出错，会导致组成的技术可能不靠谱。

这台信任机器本身，也是需要与外界环境交互的，但外界“喂”给它的数据未必就是真实的。

事实上，2018 年 4 月，中国信息通信研究院联合百余家企业，在业界推行“可信区块链计划”，背后的逻辑就是这个。

目前，已有 200 多家企业加入“可信区块链计划”，共同搭建“政产学研平台”，推动区块链基础核心技术的研究和行业应用的落地，构建可信区块链标准体系，引导行业良性健康发展，同时还将积极开展国际合作，提升我国在区块链领域的国际影响力。

只有在区块链的手掌心里，你才可以放飞自由。

22 过去和现在

以前，互联网声称是全球性的、分布式的、对等的、民主的、开放的和匿名的。现在，区块链声称是全球性的、分布式的、对等的、民主的、开放的和匿名的。

以前，与陌生人在互联网上交易，需要信任中心化的组织和权威。现在，与陌生人在互联网上交易，需要信任分布式的代码和数学。

以前，银行账号是实名的，对应的存款是个人的隐私。现在，账号是匿名的，账户中的存款则是公开透明的。

以前，如果密码丢了，财产不会失去。现在，私钥丢了，财产会随之蒸发。

以前，代码就是代码，是技术性工作的产物，说改就能改。现在，代码（Token）是代币，是金融产品，说什么也不能改。

以前，数据就是信息，核心是如何更好地复制、分享和传播。现在，数据（Token）就是资产，核心是如何更好地控制、保护和交易。

以前，社区分裂会视作悲剧。现在，社区分裂竟然可以IFO（首次公开募股），可以领糖果，是喜剧。

以前，宣传数据库技术的优势是可以方便地更新和删除。现在，宣传数据库技术（区块链）的优势是无法更新和删除。

以前，因为技术上太容易篡改账目了，因此制定了很多管理规定来防止篡改。现在，因为技术上无法改正错账了，也需要制定很多管理规定允许修改。

以前，工程师认为的分布式数据库，会计仍然认为是集中式的，因为还是主备或主从关系。现在，工程师认为的分布式数据库，会计也认为是分布式账本，因为多个会计同时写入很多副本，并且副本之间是对等的。

以前，因为大规模挖矿的需求，催生了矿工和蒸汽机，人类迎来了工业经济的时代。现在，因为大规模挖矿的需求，催生了矿工和矿机，据说人类即将迎来“Token 经济”时代。

以前，主要批评互联网性能差，信息安全没保证，并且典型应用是“3G（Game、Gambling、Girl）”。现在，主要批评区块链性能差，价值安全没保证，并且典型应用又包含了“3G”。

技术的历史不会重演，但会押韵。

23 编址的门道

任何网络都需要编址系统，为每个节点赋予全网唯一的标识（ID），以便他人能够发现和定位。现代社会，如果你没有连接到网络（电话网、互联网、SNS 等）上，有一个专属于自己的电话号码、E-mail 地址、域名或微信号，你就像不存在一样。

在一个社会网络中，每个人的名字虽是属于自己的，却是给别人用的。在一个计算机网络中，每个结点拥有唯一 ID 的目的，是让其他节点能够定位和找到它。

区块链是一种用于价值传递的分布式网络，每个结点需要唯一的地址，作为“To”和“From”区块链的端点。

为网络设计一个 ID 系统并不难，难的是能够被他人接受，尤其是该网络的外部用户。被他人接受一般有两种策略：一是借用已有 ID 系统，二是新设计一套系统。

新系统借用已有 ID 的案例很多。例如，E-mail 地址和电话号码早已从邮件通信和话音通信扩展到了互联网上的各种应用（如微信等），成了诸多应用的身份 ID 或身份认证通道。相反，IP 地址早期曾用于个人的身份 ID，现在因为网络地址翻译（NAT）和动态地址的广泛应用，早已不再能作为身份 ID 了。

借用已有 ID 系统的好处很多，如保持用户习惯不变和不用重新注册等。但缺点是借来的鞋子虽然能穿，但经常不合脚。

比特币是区块链早期的典型应用。在比特币早期设计中，本打算直接采用 IP 地址，以方便普通用户使用，避免地址过长，但后来发现这样做会面临严重的“中间人攻击”等安全威胁，于是从借用转向了设计新编址。

区块链的编址与传统银行、互联网等存在明显的不同：第一，没有中心化的地址分配机构；第二，所用地址可能在区块链之前就早已存在。

比特币是用于支付的，除了要保持地址的唯一性，安全性和隐私保护也至关重要，因此其编址就由“Pay to IP”，转向了“Pay to Public Key Hash （P2PKH）”，从 IP 地址变成了公钥的 HASH（哈希值）当地址。

每个比特币钱包都可以先生成一个私钥，然后据此生成对应的公钥，然后再根据公钥生产一个 HASH 哈希值，当作比特币的地址。

私钥→公钥→ Hash →区块链（比特币）地址

后来比特币社区发现，简单的 P2PKH 也存在问题：一是地址很长，用户容易输错；二是将来量子计算兴起后可能会反推私钥。于是，改进版的 P2PKH 出现了，比特币地址就成了今天的样子：

- 做地址转码，变短和方便记忆；
- 去掉容易产生视觉混淆的字符；
- 引入错误校验码。

区块链的地址是面向公众的身份信息，因此为了进一步方便使用，经常还要变换成二维码或其他容易记忆的名字，就像互联网的 IP 地址被对应到 DNS 域名一样。

其他区块链应用（如莱特币等）的编址方式，与比特币编址的原理相同，貌离神合。

然而，以太坊的编址是个奇葩。虽然也基于与比特币编址同样的 P2PKH 原理，但差别更大：没有做用户友好的转码，很长，并且还是十六进制；没有加入错误校验码。

因此，从编址的角度看，这是一个根本没有还完成的、粗糙而危险的设计。可是，即便以太坊的编址这么粗糙，核心开发者却认为，以太网编址将来可以做得更好，现在粗糙就粗糙吧。

当第一版以太坊发布时，以太坊根本没有打算永久使用这一编址，因此也就没有人关心编址存在大问题。以太坊的设想是建立一个基于智能合约的名字注册系统，希望通过人名或域名更加方便地实现支付，采用更加易用但更安全的“Pay to IP”方式，再回到借用已有 ID 系统的老路上去。

目前，虽然已经出现了一些改进型的以太坊编址，如 ICAP 格式和 EIP55 方案等，但基准的编址还是原来那个很粗糙的方案。

地址是给别人用的，一旦用开就很难回去了，就像诟病 IPv4 和以太网的编址不合理，但 40 年过去了，互联网和以太网还是这样。

之前 IP 的编址，与谁有权访问是分离的，用户秘钥与地址无关。现在区块链的编址是从私钥推导出来的。秘钥决定地址，如果秘钥丢失，地址也就涅槃了。

以太坊的编址设计根本没有完成，粗糙而危险。

24 区块链与大数据

当越来越多的人将区块链和大数据相提并论，我们有必要认真看待一下两者的关系。在一些特征上看区块链和大数据确实存在共性，但是在技术处理方式上看，两者更多存在的是不同。

	大数据	区块链
共性	数据管理，广义数据库技术	
针对问题	海量数据，提高性能	关键数据，防篡改
计算模式	MapReduce 把一件事分给多个人去做	共识机制 让多个人重复做一件事
存储格式	HDFS，HBASE，Kudu	以太坊等
	多种数据结构	单一的块链结构
基础网络	服务器集群	P2P 网络
价值来源	数据是信息 从数据中提炼价值	数据是资产 价值的传承
数据类型	非结构化	结构化
数据归处	进冷宫	得永生
激励方式	外部，如工资等	内置 Token
宣传口号	相信数据	相信数学
CAP 理论	选择 AP	选择 CP

图2.6　大数据和区块链的区别

延伸思考：

1. 20 多年前互联网刚商用时，也曾经提出过与今日区块链几乎一样的理想主义宣言，如全球化、分布式、匿名性、开放、对等、自治等，最著名的是 1996 年巴洛发表的“网络空间独立宣言”“*Declaration of the Independence of Cyberspace*”。为什么历史上每当发生技术革命时，都会有类似现象，结局也类似？

2. 古代社会人们相信宗教和传说中的各种神和图腾，现代社会转向相信人内心的“人文主义”。但现在，区块链让我们信任机器，大数据让我们信任数据，AI 让我们信任算法。现代社会的“信任之锚”到底在哪里？

3. 区块链用于降低信任的门槛，适用于“彼此要做点交易，彼此要防着点”，又不好找第三方背书（如根本没有，效率低下或成本高企）的场景。现实中还有哪些场景，因为信任成本高企或信任效率低下而无法完成？

参与专题讨论，听作者答疑

PART

03

第三部分

用数据说话

战略性资源的价值和危机

Speak with Data

The value and crisis of strategic resources

引言

大数据并不是这个时代的特有产物，从古至今，我们一直身处大数据时代。

从最早的结绳计数，到在木头、兽骨上刻痕，再发明算筹，以及到今天依然存在的珠算，我们的计数方法一直在演进。这从一个侧面说明，从人类起源至今，随着社会活动的不断增加，数据量一直在逐日、逐月、逐年增长，我们也一直在探索如何处理数据。

大数据，指的是在当时的工具条件下，无法处理的数据集。那么，对原始人来说，采摘和分配的果实，就是大数据；对古代人而言，头顶的天文观测和地上的人口统计，就是大数据；对今天的人而言，大数据已经无处不在，金融、电信、医疗、交通等行业每天都在产生海量数据，而计数方法在计算机诞生后，更是实现了前所未有的巨大飞跃。

数据对我们来说并不陌生，只是今天，数据正在从静态的信息载体，变成了动态流转的生产资料，是新时代下各行各业乃至整个社会的战略资源，因而针对数据的计量、分析和挖掘工具也在日新月异。

望远镜和显微镜的诞生，就是那个时代的新型传感器，让我们知道了另外的世界。现在，虽然我们已经知道了数据也是有温度的，也会“生老病死”，数据是石油，但总体来看，未知远大于已知，机遇远大于挑战，我们还处于从工业时代到数据时代的初期，一个大转折的时期，一个需要更多探路者的时期。

21 世纪是数据的世纪，数据霸权和数据危机将并存。

25 磨玻璃片的巨匠

科学是一个不断测量世界、量化世界的过程。如果换成现代数字世界的语言，科学就是一个不断用数据和算法描述世界的过程。从古至今，测量和获取数据一直就不是一件容易的事情。如果想在数据源头上获得优势，先进的方法和工具至关重要。

“天文数据”有两个含义，当名词用时表示是天文方面的数据，当形容词用时表示数据量非常大（如“简直就是天文数据”）。依靠肉眼专业收集天文方面的数据，第谷·布拉赫（Tycho Brahe）是最后一位。他遵照古礼穿着朝服，坚持天文观察 20 多年，不仅成就了本人的历史地位，也成就了他的助手，一个叫约翰尼斯·开普勒（Johannes Kepler）的外国留学生。开普勒靠从事天文学养家糊口，但他的眼睛有残疾，继续像第谷那样用肉眼采集天文数据已不可能，于是他只好潜心研究第谷的数据，后来从中发现了天体运动的三大运动规律。

图3.1 第谷•布拉赫 丹麦天文学家

图3.2 约翰尼斯•开普勒 德国天文学家、物理学家、数学家

图3.3 伽利略 意大利数学家、物理学家、天文学家、科学革命先驱

图3.4 安东尼 · 列文虎克 荷兰显微镜学家、微生物学开拓者

第谷的数据，准确性已经是肉眼观察的理论上限。就像好记性不如烂笔头，再好的眼神也比不上“很烂”的天文望远镜采集到的数据精度。

当伽利略（Galileo Galilei）听说望远镜发明了，当其他人的望远镜还只能放大 4 倍的时候，他 DIY 了一个能放大 32 倍的望远镜。当别人拿着望远镜观察船舶、山水和对岸的贵妇时，他却把望远镜对准了天空，发现了月球环形山、太阳黑子和木星的卫星等。需要特别指出的是，伽利略取得的重大天文学成就，几乎都是在他成功 DIY 了望远镜后的 1 年左右。

在宏观的天文世界，当大家都是“近视眼”的时候，一位善于打磨镜片的工匠，借助望远镜“作弊”而拥有了“千里眼”，采集到了宇宙中的新数据，发现了新宇宙，成了“大家”。在微观世界，在人们都是“老花眼”的时候，同样是因为一位善于打磨镜片的工匠，借助显微镜的火眼金睛，采集到了微观领域的新数据，发现了一个新世界。

这个人就是微生物的首次发现者安东尼·列文虎克（Antony Van Leeuwenhoek），一个当时在市政厅看大门的老大爷（这是当时的标准，现在一般称为“中年大叔”）的业余爱好。他没有受过正规教育，基础知识薄弱，但看大门时闲来无事，磨制镜片的水平远超同代人。

当列文虎克拿着 DIY 的放大率高达 270 倍（当时一般是

6 ~ 10 倍）的显微镜时，发现了微生物，记录了肌纤维和微血管中的血流，成了微生物学的鼻祖。当有人问他成功的秘密时，他只是伸出了因长期磨制透镜而满是老茧和裂纹的双手。需要特别指出的是，他死后，人类又回到了盲人时代，导致微生物学的发展停滞了 100 多年。

在望远镜的世界里，1920 年，哈勃（Hubble）发现了宇宙正在膨胀的惊人事实。在显微镜的世界里，现代电子显微镜使得科学家能观察到百万分之一毫米小的物体。

伽利略和列文虎克，他们首先都是一个优秀的玻璃工匠，最终才成为伟大的天文学家和微生物的鼻祖。这意味着，如果你能看到别人无法看到的事物，获取别人无法获取到的数据，你也可能成为“大家”，但前提是你要比别人更善于“打磨镜片”。

以 AI、区块链和大数据为代表的互联网技术，就是时代的新引擎，时代的新镜片。

如果你能打磨出新工具，看到别人无法看到的，你也会成为“大家”。

26 “村里”的数据

云计算是集中式的，追求规模效应，是供给侧的计算创新。大数据用于消耗云提供的计算服务，是数据处理在需求侧的消费升级。

有些数据是来自人的，也有一些是来自物的。“城里”的数据主要是人产生的，是消费型的，物理位置上也更靠近云计算中心，如移动互联网、SNS、搜索和电商等。“村里”的数据主要是 IoT 产生的，是生产型的，一般物理位置上远离云计算中心，如工业制造、汽车和传感器等。

虽然“城里”的数据很丰富，但毕竟是市民产生的，与村民（物体）产生的数量不在一个数量级上。但云计算集中式的优点被“城里”的数据享受了，缺点留给了“村里”的数据。

“村里”的数据要走很远的路，才能到“城里”的云计算市场上来处理，不仅要多交买路钱（带宽费），而且数据的新鲜度（实时性）也变差了。当然，“村子”对数据的控制力、安全防护和隐私保护也会变弱，毕竟是在“城里”人的地盘上做事。

“村里”的数据大多是“非人”产生的，但大多是用于生产的而不是消费的，因此绝不是什么“低端数据”，更不能遭受“非人”的待遇！因此，当云计算先行发展了十余年，基本满足了“城里”数据的诉求后，如何发展“数民、数村、数业”就成了主要矛盾。

为了克服中心化云计算的缺点，于是就有了边缘计算，以建设大数据的新农村，满足对实时性、安全性和隐私敏感数据的需求。有了边缘计算，对应的就需要“边缘数据中心”的支撑。有了边缘计算，对应地应该还差一个更边缘的，或许应该叫“末梢计算”？其实，把智能手机和移动硬盘等理解成“末梢计算”也可以。

云计算、边缘计算和末梢计算，当把它们连接起来的时候，就构成了一个新架构、新技术和新用途的“计算网络”，会成为未来互联网的新型基础设施。这就像 30 多年前 TCP/IP 所做的那样，建立了一个新架构、新技术和新用途的“通信网络”。

云计算的优点被“城里”的数据享受了，缺点留给了“村里”的数据。

27

如何讲故事

研究表明，纯粹用逻辑营销的有效率为16%，纯粹用故事营销的有效率为31%，理性完败给感性。

大数据主张用数据说话，但人类更喜欢听故事。大数据基于统计数据说话，但人是感性的，天生对统计数据不敏感。

一张渴望读书的大眼睛女孩的照片，成了大众对“希望工程”的印记。一张“冰雪男孩”的照片，直接引发了全社会对留守儿童的关注。例如：

方式A：2015年全球难民创新高达到6530万人。

方式B：一张双眼恐惧、双手高举的难民孩子照片。

事实很清楚，B的传播效果远比A的传播效果要好。

之前大量的社会心理学研究早已发现，B的传播效果佳的原因在于：一是人们的护幼心理；二是人们的慈悲心；三是对人的视觉冲击。一张有着悲惨故事的孩子照片，同时抓住了3

个痛点，直击所有人的内心。如果不信，请你把照片中的孩子换成一位老爷爷，找找感觉试试。

相反，6530万难民没有鲜活的个体，只是一个冷冰冰的统计数字。

然而，另一个事实是，相对更准确的一般性描述，人们更容易轻信有数据的描述，会显得更准确。例如：

A. 专家预测明年房价将温和上涨；

B. 专家预测明年房价将上涨5%；

C. 专家预测明年房价将上涨5.25%。

类似的研究发现，人们更容易相信B和C，并且相信C的人比相信B的人还要多。通过使用更多的数据，C制造了一种更专业、更准确和更权威的形象，于是大众也就相信了。

同样的，当你听到券商或股评师预测明年上证指数将上涨到3807.17，或下跌到2050.42时，你应该明白是怎么回事了吧？

在大数据时代，不能只用数据说话。要在故事中加入数据，将数据和故事可视化，这才是最佳的做法。

大数据主张用数据说话，但人类更喜欢听故事。

28 数据的温度

数据的外表冷冰冰，但数据不是恒温动物，一是因为数据体内的稳定性，二是因为岁月的流逝。

冷数据指的是不需要实时访问到离线数据，用于灾难受损而恢复的备份或者因为要遵守法律规定必须保留一段时间的数据。以个人数据的稳定性为例：冷数据的惰性很强，不会发生变化，或变化很少，或变化得非常有规律，如一个人的父母、出生地、出生年月、性别、家庭情况、住所等信息，这些信息一旦生成后就不会被轻易改变。

相对于冷数据，热数据就是那些短时间内读写频繁的数据，它们就像分子的热运动，非常活跃，如我们日常生活中产生的大量的交互信息、消费信息、位置信息等，这些信息随时更新，极度活跃，因此被称为热数据。

对比冷数据和热数据，顾名思义，温数据是指那些稳定性处于两者中间的数据，如个人偏好和社交信息等，可被称为温数据，这些信息一段时间才会形成，既不冷也不热。

数据体内温度的变化毕竟是有限的，环境才是影响数据温度的核心因素。对于绝大部分的数据，外部访问频次会随时间的流逝而迅速变冷。根据 Facebook 对图片数据访问的一项分析，82% 的访问集中在近 3 个月内产生的 8% 的数据上，进入“冷宫”的数据增速比摩尔定律还快。

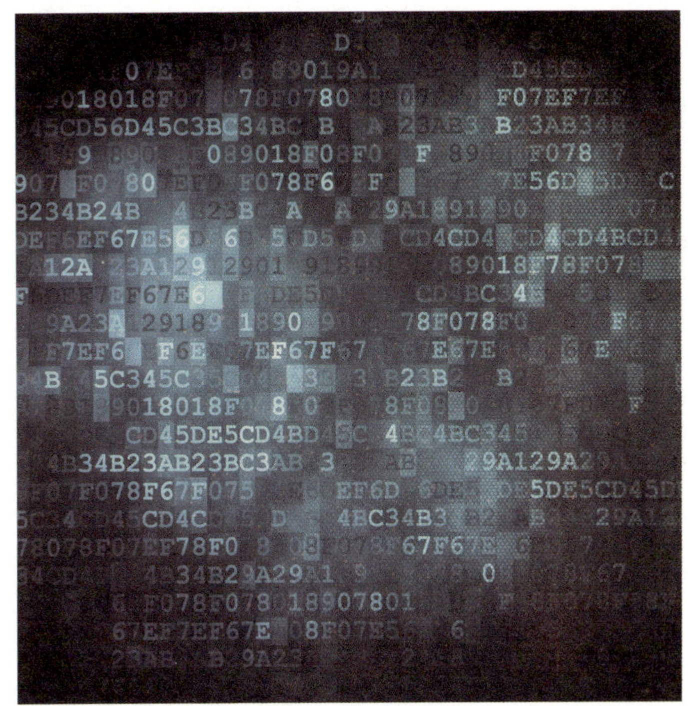

图3.5　数据有温度

总体而言，热数据就是那些当下正受应用宠爱，能够获得高频访问的数据，一般会是重要或实时数据。冷数据就是那些应用很久都不会访问的，但又不能随意删除和不能停机归档的数据，典型的如备份数据。温数据位于中间状态。

根据一项统计，热数据、温数据和冷数据占总数据量的比例约为 5%、15% 和 80%。弱势的冷数据一般具有以下特征：

- 访问频率很低，仍需保留；
- 随着时间推移，访问频次会更低；
- 要求的系统带宽低；
- 数据量巨大；
- 对于特定数据需要备份和存档等。

冷数据的迅速增加直接推动了冷存储的兴起：一种低成本、低功耗、大容量和长寿命的存储技术。例如，热数据经常被放到内存或者 SSD 中，冷数据经常被放入低转速的 HDD 中，甚至硬盘被置于长期下电状态，还有采用蓝光技术的。

至少根据热度，数据的世界也是分等级的。绝大部分的数据在出生后，不能奢望有当热数据的命，能够当个数据的平头百姓就很不错了，有些可能永远没有被访问的机会，甚至连被打入冷宫的机会都没有，就会消失在数字化时代的小河沟里了。

数据热点切换的时间比鱼的记忆还短，数据的生命如蝼蚁，因此也就难怪，管理数据的是一个“怪蜀黍”。

数据失宠的半衰期，比一些放射性元素还短。

29
管理数据的“怪蜀黍”

在每个小朋友的奥数世界里，都住着一位负责管理游泳池的“怪蜀黍”。他有一个嗜好，喜欢一边往游泳池里注水，一边又打开闸门从游泳池向外放水。这个“怪蜀黍”一直都想弄清楚，这样做什么时候才能把游泳池装满水，年复一年地请教着上奥数课的小朋友们……

据说这位“怪蜀黍”最近换工作了，改行当数据管理员了，但有些老习性依旧。他一边不停地向计算机的存储池里注入新数据，一边又不停地丢掉老数据。

现在轮到“怪蜀黍”比小朋友们还头疼了。一是根本无法调控数据流入的速度，二是不知道哪些数据可以排放出去，三是三天两头需要大修数据池。

好消息是，修建数据池的计算和存储材料的成本，一直是以摩尔定律的速率在降价。

一般消息是，摩尔定律已经衰老，从原来的18个月翻一番，明显减速到了 24~36 个月，“红利”也快被吃完了。

坏消息是，来“游泳”的数据，以超摩尔定律的速度在进入。

更坏的消息是，来“游泳”的数据种类日益丰富，早期只是一些简单的数值数据等，现在多了日志、声音和图像等，都想来池子里游一圈，有的还赖着不想走了。

数据游泳池的建设和维护，成了天书，成了资金预算的黑洞，成了“怪蜀黍”的奥数题。

以前能到游泳池来的都是“贵族”数据，大数据时代则是“众数平等”。

30 男耕女织时代

很多城里人都有一个梦想，过一种男耕女织的生活。如果你还没有实现这一愿望，幸福要来敲门了，那就来做“数据流通”吧，因为它还处于一个男耕女织的时代。

中国信息通信研究院 2017 年的一项调查显示，企业的数据来源 49% 靠自己生产，47.8% 来自客户。这就像在大数据时代，49% 的生活用品还要自己动手，47.8% 的丰衣足食还要靠邻里互助，活脱脱一个男耕女织时代的大数据生产场景。

在一个商业社会里，社会分工是基础，商品交换是关键，超过 99.9% 的生产和生活用品，都是依赖社会化贸易网络提供的。现在，虽然我们声称大数据是资产，是资源，是石油，是钻石，但大数据还不完全是商品，或是流通不畅，或是黑市交易。

任何个人、企业、组织和国家所拥有的所谓海量数据，与全球的数据量相比是沧海一粟，所谓大数据都是小数据。因为商品的比较优势，诞生了贸易；因为数据的天然垄断性，必须做数据流通。

纵观全球庞大的贸易市场，我们不仅为贸易定义了一些通用准则，也为每种具体贸易定义了自己专用的贸易单位、定价模式、估值方法、监管政策等。

例如，有的贸易按重量，有的贸易按体积，有的贸易按时长，有的贸易看年头，有的贸易按成色；有的贸易一口价，有的贸易靠拍卖；有的贸易是现价，有的贸易看期价；有的贸易按电子的流动速度，有的贸易按比特的密度等。

数据交易不仅需要技术专家，更需要新时代的新经济学家。互联网时代的经济学家之所以吃不开，是因为他们是在用工业经济的那套理论生套数字经济。

斯科尔斯与布莱克于 1973 年发表了《期权定价和公司债务》一文，给出了期权定价公式，不仅获得了诺贝尔经济学奖，而且搭建了此后 30 多年全球金融衍生品市场繁荣的基础。

如果有人能够构建数字经济学，定义数据的估价模型、确权方式、流通规则等，肯定会获得数字经济的诺贝尔奖。当然也可能被传统的经济学家集体贬斥，只好去得图灵奖。

比特是计量数据规模的基本单位，但不必然是数据交易的基本单位。

31 知识的吃货

在这个信息爆发的时代，掌握知识的人不一定是知识分子，也可能是知识的吃货。

工业革命前，人类艰难求生。根据稀缺性原理，工业革命前的大力士、英雄或美人多是胖子出身，长得胖往往显示了权力和财富。现在影视作品中骨感帅哥扮演的英雄，很可能是篡改历史的产物。

工业革命基本解决了食物匮乏的问题。但人的胃还是那个胃，于是事情翻转了。工业革命让胖子与力量和富裕，分道扬镳。再强壮的胖子，也比不上一台机器的力量，不如一台机器产生的财富。根据《全球疾病负担报告》，对比 1990 年到 2010 年的健康数据，全球健康趋势大逆转，肥胖成为比饥饿更严重的全球性健康危机，20 年间全球肥胖率增长 82%，中东地区肥胖率增长 100%。

以前是饿死，现在是吃饱了撑的。“饿死事小，减肥事大”“你吃了吗？”等的问候语成了历史名词。在“吃货”的幸福时代，

“请客”不是为了“吃饭”，于是咖啡文化和品茶文化迅速流行。

人类曾长期处于信息匮乏中，信息传播困难，“吃入”更多的知识，往往意味着智慧和财富。知识就是力量，知识就是财富。从语言、文字、书籍、电话、计算机、互联网到云计算，主要围绕的都是如何获得更强大的信息采集、加工、存储和传递能力，信息日益丰富。

摩尔定律、芯片、计算机、互联网、4G/5G、物联网和云计算等，都指向了同一个方向：获得更强大的计算、存储和通信能力，以满足日益增多的信息和数据处理需求。

信息处理能力在加速增长，数据在加速增长，机器之间的通信日渐增多，但数据处理的最终结果还是要面向人的，人是最终的信息消费者。但千年来，人类大脑的计算、存储和通信能力，脑容量、IQ 和 EQ，几乎都没有增长。

人类已经走出了信息匮乏的时代，来到了信息冗余的时代，海量信息不断涌向大脑，人类被迫变成了信息的“哑终端”，同时焦虑和恐惧也与日俱增。

今天，即使工作再忙，很多人也会牺牲吃饭和睡觉的时间刷微信、看微博，登录新闻网页。信息传播方式的变革，让信息能够以多种方式快速传递到用户侧，但是同时也将用户的时间分割成为碎片，只是半天没有刷朋友圈，我们可能就会错过时下最热的话题，有一种被“旁落”的错觉。而对于“学习改变命运”的信仰，也让我们在这个信息爆炸的时代显得无所适从。信息越容易获取，人们就越觉得自己无知，尤其是层出不穷的新改变和新技术，更是让我们觉得自己随时会被时代抛弃。

推波助澜，正是因为抓住了人类长期处于信息匮乏的时代，相信知识就是财富的心理，“知识骗子”也如雨后春笋般涌现。据媒体报道，如有机构以“五天学会所有英语单词”为广告语，招揽年过半百、求知若渴的老年用户加入微信群购买英语课程，生意火爆。还有的年轻人总是担心被时代淘汰，于是不管是否真的需要，盲目地在各种渠道购买各种课程，一年下来工资还不够支付听课费。虽然知道的知识更多了，但是自身并没有得到精进，实际的工作能力并没有提升。

当知识胖子的数量不断增多，于是，尴尬的事情发生了，掌握知识的人不一定是知识分子，很可能只是知识的吃货。换句话说，信息革命让知识胖子与智慧分道扬镳，吃下再多知识的胖子，也没有互联网知道得多，因为知识富足后人类需要的是智慧。

以前，要靠吃百家饭拼凑信息，才能形成全貌。现在，要靠去除各类噪音，才能发现事实。人类从信息“饿汉”，开始消化不良，注意力不集中、焦虑和彷徨等。

饿汉子不知道饱汉子撑。遍地都是知识的吃货、知识的胖子，却越来越缺乏独立思考和充满智慧的人。信息冗余的时代，吃多了的知识胖子，也需要减肥药了。减肥还需增肥人，技术惹的祸，即使含着泪也要减下去。

目录、索引、图形界面、搜索引擎、推荐功能、可视化等，都是为了减少对人类大脑资源的消耗，都是信息时代的减肥药。但面对加速增长的信息量，它们的疗效最多算是保健品。

面向人类大脑的 AI 和大数据，以减少人类对信息处理的工作量为己任，有望成为未来疗效最好的信息减肥药。

人类以前是信息的“饿汉”，现在则消化不良了。

32 数字化身

大数据时代，我们的肉身还没来得及进入数据的天堂，享受天国的荣耀，但我们的数字化身先下数据的地狱了，成了数字世界的新奴隶。

大数据时代，数据可以是由个人、企业、政府或“非人”的东西产生的。而个人数据成了这股大数据洪流中的一条小溪，只能随波逐流。

个人数据就是一个人在物理世界的活动，在虚拟世界的镜像。

2000多年前，人类开启了文明时代，产生了“我是谁”“从哪里来”和“要到哪里去”的困惑。今天，人类开启了数据文明时代，作为个人数据的数字化化身，化身究竟“是什么”“从哪里来”“到哪里去”，成了数字化的新困惑。

另一个世界里的数字化身，有自己的身体，也有自己的价值。

在物理世界里，个人的人身权和财产权已经摆脱了奴隶主、封建主、帝王等控制，受到了法律保护。但数据世界还处于蛮荒年代，数字化身的权力几乎被完全剥夺，是新时代的新奴隶、新附庸。

数据的“奴隶主”（如大型企业等）等在榨取数据化身的商业价值时，不会感觉到一丝丝歉意，反而会感觉是在拯救个人——这为了你好，为了让你过上更加美好的生活。

他们只是在涉及化身身体时，才会感到一丝道德的不安，担心受到上帝之鞭、法律制裁后会下地狱，才会表现出慈悲。

人类社会的每次巨大变革，都会引发新的身份焦虑，出现新的“奴隶”，创造新的秩序。数字时代已来，谁来建立数据文明的秩序，谁来超度数字恶魔？

全世界的数字化身团结起来！

数字化身是新时代的新奴隶。

33 IT 不再是轻资产

在这个“计算主义”盛行的时代，个人、企业和大学等需要投入的资源和资金越来越大，IT 不再是轻资产了。

10 多年前，大学或研究机构的计算机实验室，只需有占地 10 余平方米的机房和拥有几台计算机，用一些通用和专业软件，基本就可以开始工作了。

现在，云计算强调计算的规模效应，动辄数千台物理服务器和高要求的机房环境，庞大的资金投入让个人和研究机构很受伤。云计算把计算资源的控制权转移给了企业，个人拥有计算资源控制权的 PC 时代结束了。

因此，10 多年前拥有雄厚财力的产业巨头自然就成了云计算的发源地，是云计算的主导力量，而个人、学校、研究机构和中小企业只能被动跟进，这与云计算重资产属性、强调规模效应是密不可分的。当然，软件盗版也因为云计算的存在，被扼制了。

大数据强调数据的规模要大，这促使 IT 进一步重资产化。如果资金足够充足，企业还是可以买到计算资源的控制权的，但买数据很难，要么是人家不卖，要么是违法的。即使租用了强大的计算能力，发明了先进的算法，可没有海量的数据啊。

人们要想获得较高智能一般有两种途径：要么算法好，要么数据多。如果本身 IQ 高，处理速度快，那么只需要通过少量的知识训练即可；如果本身 IQ 一般，处理速度慢，通过压断板凳、死记硬背，即海量知识训练的方式也可以实现。

高智能 = 算法好 + 数据多

如果 IQ 既高，处理速度又快，且又爱学习呢？那么你就可以与今天的 AI 相媲美了。AI 产品的基本原理相同，表面上比拼的是算法优化和 GPU 的计算能力，但结果的本质差异还是来自数据。

大规模服务器、海量的数据和超级计算能力，支撑它们的是数据中心，消耗最大的是电力。近年来，数据中心也开始走向大规模、高密度和绿色化了，原因是相同的：数据中心的建设和运营成本太高了，需要规模效应来降成本。

从更大的范围来看，行业努力建设生态链，芯片生产线数量越来越少，规模越来越庞大，软件开源潮的兴起，知识产权和版权的保护，获客成本的飙升，以及资本推波助澜的兼并重组都指向同一方向：IT 已经被重资产化了。

IT 被重资产化，意味着 IT 的平民化时代结束了，成了少数人手里会下金蛋的老母鸡。

34
捍卫“忘却权”

人类记忆的容量约为 2.5PB，相当于 300 万小时（约 340 年）的视频记录。如果人类的记忆以神经元之间连接的形式存储，那么在理论上能够存储的记忆总量，可能大于宇宙中原子的数量总和。

对人类而言，忘记是常态，记住是意外。此前我们关注的是“忘却的记忆”，于是发明了文字、纸张和书籍等大脑的“外部存储设备”。从现在开始，我们将重点关注“记忆的忘却”，如何消除一些机器记忆的内容。

你希望的忘记，可能只有两种，一是自己痛苦的过去，二是别人对自己丑事的记忆。

但在大数据时代，记忆是常态，忘记是例外。为了“记忆的忘却”，你不仅要主动删除自己的数据，找搜索引擎交涉，而且祈祷自己不要被黑客盯上了。

数据恒久远，一上永流传。你知道你已经被忘记了，你不知道你还被人惦记着。希拉里·克林顿（Hillary Clinton）的现代版“焚书坑儒”，终究敌不过黑客的技术。

从文字、纸张、计算机到互联网，技术化就是人类记忆丧失的开始，超级记忆的发端。人类社会的一些规则和习惯，就是建立在人人都有“健忘症”的假设上的。当然，现代医学也已发达到可以证明“人人都是病人”的程度。

诗歌是为方便高容量记忆而诞生的，随着文字的流行，游吟诗人陆续消失。柏拉图在《斐德罗斯篇》指出，文字记忆威胁着知识的记忆。最好的方法不是写下来，而是烂熟于心。

虽然人类的大脑从生理学上没有退化，但因为记忆技术，人能够记住的东西越来越少。随着智能手机和导航软件的流行，我们已经很难记住电话号码了，记路和识路的能力也在快速衰退。在人工智能到来的那天，人类能够记住的，可能就只剩下 On 和 Off 以及吃和睡了。

过去，因为记忆的稀缺性，被别人记住是一种幸福。现在，因为忘记的稀缺性，被机器忘记会成为一种幸福。

为了忘却的记忆，我们书写历史。为了记忆的忘却，我们需要立法。忘记是人的基本人权，现在却要用法律来保护“忘却权”了。

过去，被人记住是一种幸福。将来，被机器忘记是一种幸福。

35
技术一直都是背锅的

2008 年全球金融危机爆发后，时任美联储主席艾伦·格林斯潘（Alan Greenspan）在众议院作证时表示，金融危机的锅应由计算机来背，因为向计算机风险管理系统输入的数据都是过去 20 年的数据，都是垃圾。

当然，政客和金融业把锅甩给技术行业早已是标准的惯性动作，如“电信诈骗”。每次走进银行营业厅时，我们都可以看到“谨防电信诈骗”的温馨提示。而每次走进电信营业厅时，看到的不是“谨防金融诈骗”，而是“谨防电信诈骗”的温馨提示。对于“电信诈骗”，据中国联通和中国移动的同仁说，他们对“兄弟公司（中国电信）”很不屑，因为他们不是“电信”，是“联通”和“移动”。

现在，区块链技术也成了一些诈骗活动的“背锅侠”。搞传销的，做资金盘的，炒作邮币卡的，手持几个虚拟币就号称是资深投资人的，纷纷成功转型，打着区块链的新旗号继续着老行当。有的项目团队的专家，声称从事区块链研究超过 10

年了，而区块链才诞生于 2009 年。

1929 年经济危机时，业界认为的罪魁之一，就是当时刚刚兴起的电话。电话技术不仅大幅提高了信息交换和市场交易的频率，也让全球太多的场外用户参与到交易中，结果风险被急剧放大，市场就失控了。

世界正在从工业经济过渡到数字经济的时代。中国信息通信研究院的一份研究报告显示，2016 年中国数字经济总量已占据全国 GDP 总量的 30.61%。今后如果再出现金融危机或经济危机，技术和数据即使想甩锅也甩不掉了。

让技术和数据背锅，但也需要注意，技术是人创造的，数据是在人的控制下生产出来的。而让数据说话，数据却不一定能代表事实。让技术背锅，因为技术从来不会自我辩解。

技术是人创造的，技术从来不会自我辩解。

36 数据即石油

20 世纪是石油的世纪，但 20 世纪前不是。20 年前，网民更关心“My computer”，现在，网民更关心“My data”。

石油在地球上的历史远比人类长，人类利用石油的历史至少也有数千年了，但只是在人类掌握了大规模开采、冶炼和利用石油的技术后，石油才成了战略性资源，而这些几乎都是在 20 世纪实现的。

数据的历史也很长，人类会数数至少也几千年了，数据的数字化从计算机算起也半个多世纪了，但数据一直不是战略性资源，直到数据库技术发展成熟，尤其是大数据技术兴起后。

初期的石油业状况，非常类似今天的大数据产业。洛克菲勒敏锐地发现，开采的石油太多了而冶炼赶不上，装载石油的桶大小不同，各家公司提炼出来的煤油产品质量差异很大，运输方式还是马车，于是他创立了“Standard Oil”公司，统一了桶的大小，并且改用先进的火车运输方式等，最后发展成为石油托拉斯。

图3.6　数据即石油

现在的大数据产业还处于初期，虽然正在积累大量数据，但提炼出来的数据品质还不高，度量衡和交易的规则还没有被建立起来，保存的手段也比较原始。数据产业需要一个洛克菲勒式的人物。

石油业发展初期，曾经出现过一次全行业的危机，那就是爱迪生在发明电灯后，人们不再选择用煤油来照明。但石油业很快度过了这次危机，因为提炼出了汽油等新产品，在照明之外找到了动力等新应用场景，发明了汽车等。而在此之前，汽油曾经被当作废气处理了。

现在的大数据产业存在全行业的潜在风险，那就是隐私保护和财产保护。现在大数据的用途还比较单一，主要是用户画像、精准营销和知识图谱等。Google 的一位工程师曾说，我们这个时代最聪明的是大脑，它在思考如何提高广告的点击率。因此，人们需要从数据中提炼出具有更多价值的新发现，开发出像汽车那样的新用途。

“数据是 21 世纪的石油”，但毕竟石油是原子的，数据是比特的。就像石油一样，21 世纪是数据的世纪，数据霸权和数据危机将并存。

数据产业需要一个洛克菲勒式的人物。

37

数据的归宿

人类已经来到数据时代。在深挖数据价值的时候，我们不禁会产生一个疑问：那些年老色衰的数据，都去哪里了？

总体而言，数据的归宿有 4 个去处。

1. 长生不老

所谓的价值数据，高阶层的“贵族”数据住进了区块链里，虽然无法青春永驻，但至少可以得永生。区块链就像长生不老药，价值数据就像大熊猫，显然只能属于高贵的极少数。

2. 人为灭绝

个人的隐私数据，政府的秘密数据或商业秘密数据，不仅不能公开，甚至不应该长期保存，要让这些数据尽快从地球上消失，能够被遗忘是新的权利。欧盟即将实施 GDPR（General Data Protection Regulation），就是要对个人的隐私数据开展“种类大屠杀”。GDPR 认为企业保存的个人隐私数据，就像阎王爷手上的生死簿，因此必须尽快划掉。

3. 打入冷宫

绝大多数数据会先进冷宫。根据 Facebook 对图片数据访问的分析，82% 的访问都集中在近 3 个月内产生的 8% 的数据上。因此，虽然新数据的增速比摩尔定律还快，但同时老数据失宠的半衰期比放射性元素还快，80% 的数据会在 3 个月内被打入冷宫，归档后再也无人问津。

4. 悄然失踪

如果前面三者说的是数据灵魂的归处，那么第四个就是数据肉体的去处，不区分数据的种姓与贵贱。目前，数字存储介质的寿命经常比数据还短，短则 3 ～ 5 年，长则 30 ～ 50 年。因此，很多数据的悄然消失，无论是否住进冷宫，是因为存储介质的物理损毁造成的。豆腐渣式的数字数据存储技术，是所有数据的终极杀手，让数据“生的计划，死的随机”。

不同数据的归宿，或重于泰山，或轻于鸿毛。

延伸思考：

1. 大数据就是当时的人，用当时的技术工具难以处理的海量数据。千年来，人类处理“大数据”的经验教训，对大数据未来的发展有什么启发意义？

2. 数据是资产，但现在还不知道如何把数据变成资产。为了让石油、知识、电力、发明创造、古玩字画等各类财富成为资产，历史上曾经专门创造出了新的度量单位、评估模型、交易方式等。数据成为资产，需要哪些新的理论、工具和方法？

3. 当前社会的很多制度、习俗和伦理，是建立在“记忆是例外，忘记是常态”的假设上的。随着技术的发展，当记忆成为常态后，会如何影响到全社会？

4. 我们一边记录数据，一边又把数据丢到垃圾堆中。该如何记录我们这代人的历史，千年之后，后人又会如何考古呢？

参与专题讨论，听作者答疑

PART

04

第四部分

技术的基因

技术信仰决定风口的方向

The Gene of Technology

Technical beliefs determine the direction of the tuyere

引言

人有信仰，技术也有基因。

所有的技术之争，都是假信仰之名的利益之争。

无论是电信还是互联网，闭源还是开源，网络中立还是差异化，集中还是分布，功能上浮还是下沉，融合还是分离，独裁还是众谋，应该向左还是向右，这些都没有错对，只有适者生存。

只有适应市场的技术，才可能生存。只有适应变化的基因，才可能传承。信仰也是选择，相信什么就可能得到什么，同时失去对面。

38

互联网是个穷二代

中国人没能发明互联网，但发明了“互联网思维”。

如果我们追溯互联网的崛起历程，会发现互联网是个不折不扣的穷二代。

互联网的前身是阿帕网（ARPA）项目，一个美国国防部高级研究计划局组建的计算机网。阿帕网于 1968 年开始组建，1969 年第一期工程投入使用，开始时只有 4 个节点。

这个时期的阿帕网，可以说是除了几台计算机和一点科研经费，几个老师和学生就没有其他什么了。

问题来了。最终，项目总是要结题的，学生也是要毕业的，时间又不等人。谁曾想，困难就是生产力，被逼无奈下，学生们玩出了 N 多“离经叛道”的创新，逐步形成了一些特殊文化，也就是现在所谓的“互联网思维”。

1. 起点低

20 世纪 60 年代，计算机和通信还完全是两个行业。计算机联网是计算机和通信结合的产物，既可以说是计算机行业的事情（计算机的一个新功能），也可以说是通信行业的事情（通信的一个增值业务）。对于计算机联网，计算机行业的优势在终端（计算机），通信行业的优势在网络（通信线路资源）。

阿帕网是一个由计算机行业主导的项目，不擅通信是天然的软肋。为了尽快试验项目，只能“以租代建”了，直接租用电信公司的通信线路。基本思路是让计算机网络直接运行在通信网络上，在现有通信网络上再叠加一层逻辑网络（Overlay 模型）。而从电信公司的角度看，阿帕网只是一个普通客户。

在这个模型下，阿帕网把自己无法控制的、别人的通信线路当作黑盒子，出现问题时在自己的计算机终端上想办法。于是就有了所谓“智能终端傻网络”的互联网架构设计。这直接导致电信运营商失去了对边缘和应用的控制力，全球电信运营商被逐步管道化，同时网络边缘的 OTT[15]（Over The Top，如 Google）和智能终端企业（如 Apple）崛起。

15. OTT（Over The Top），指的是通过互联网向用户提供各种应用服务。

2. 不靠谱

20 世纪 70 年代的通信线路，用于传递数据还很不可靠。那个时代负责转发数据的路由器，不仅不成熟和不可靠，还可以随意关闭（因为阿帕网是大学的试验网）。那时的互联网，不用核打击，自己经常就先“自刎”了。

无论是通信线路出了故障，还是隔壁大学转发数据的计算机被突然关闭了，都不会提前通知的，使用者根本无法预测和控制。唯一能够设计的，就只能是设计 IP 技术，能躲就躲，能绕就绕，把别人创造的困难留给自己，再在自己控制的终端上设计 TCP 技术想办法。

另外，为了应对繁杂的通信线路，互联网设计的 IP 技术，独立于底层的各种介质类型。

互联网所谓的 IP over everything，动态路由技术等就是这样来的。

3. 没应用

互联网是一种新的编程环境，需要专门开发适合互联网的各类应用。但互联网应用无论是类型和数量，都是学校里的学生们无法完成的。在此情况下干脆开放 API，让第三方来开发应用吧。这样做还有些额外的好处，一是可以让师弟师妹们继续有活干，二是可以让导师继续找到科研经费。

互联网所谓的开放性，Everything over IP 就是这么回事。

4. 太粗糙

无论是什么类型的通信，都必须事先制定严格的标准，以实现互联互通。但学生们急着要毕业，也不懂如何写规范的标准，并且在正式的标准组织中完成编写一个标准的周期非常长，那就只能把自己编写的文档，权且疑似标准了。但直接把学生写的文档当标准显然太自大了，那就谦卑点，叫“Request for Comments（RFC）”，当事实标准但不能叫标准。至于正规的标准，就让后来者来完善吧。

5. 谈信仰

还有一些问题，在技术层面是很难回答和解决的，也是难以证实也难以证伪的，那就用更高维度的方法论和信仰来对待。Best effort、Running Code 和快速迭代等就是在方法论层面，开放、对等和分享等，是在信仰层面回答网络的一些“千古难题”。

困难	对策
无通信线路	Overlay 模型，智能终端傻网络
通信线路不可靠	动态路由，重传
通信线路繁多	IP over everything
没有应用	Everthing over IP
来不及制定标准	RFC
质量无法保证	快速迭代，粗略一致，Best effort

图4.1 面对困难的对策

所有这些，被 40 多年后的一些中国人总结成了“互联网思维”。

中国人没能发明互联网，却发明了“互联网思维”。

39
软件的信仰

分歧大多源于不同的利益，但也可能源于不同的信仰。因利益导致的分歧是暂时性的，而因信仰导致的分歧是永久性的。

例如，闭源软件认为软件是产品，而开源软件认为软件是知识，于是故事开始了。

闭源世界	开源世界
软件是产品	软件是知识
强调控制和保护，Copyright	强调分享和传播，Copyleft
来自紧密的团队	来自松散的社区
质量优先	效率优先
强调命令和纪律	强调共识原则
程序员工资驱动型，可能会感觉无聊或困难	程序员兴趣驱动型，位于最佳挑战区
领地意识，防守心态，别人不能碰	自主选择，关注解决问题，大家一起来
中心化的质量控制团队	分布式的同行评议

图4.2 闭源世界和开源世界的对比

同样的，当你认为软件是产品时，或者认为软件是服务时，很多事情又变了。

前	后
桌面软件	SaaS
卖产品（License）	卖服务
按时发布，质量不确定	按需发布，好了就 / 才发
用户被迫成系统管理员	程序员被迫成系统管理员
DIY 测 BUG，很难再现	用户找 BUG，容易再现
客服、运维和开发分离	强调用户体验，DevOps
通用硬件	优化硬件
关注 My computer	关注 My data
统一编程语言	多种编程语言

图4.3　软件到底是什么

因利益导致的分歧是暂时性的，因信仰导致的分歧是永久性的。

40 协作方式的演化

生产的协作范围大致经历了三个阶段：家庭作坊式协作、企业内部协作和社会化协作，从熟人、公司人到社会人，协作范围逐步扩大，协作生产日趋复杂。

图4.4 协作

软件开发也有类似的情况。

1950—1970年，开发软件的工作量相对较小，因此是个人英雄主义、黑客流行的年代。

到了1980—2000年，软件变得复杂起来，因此个人英雄逐渐消失，以微软等为代表的软件企业纷纷崛起。

2010年至今，开发一个大型软件的成本，以及培育相应生态的复杂性，即使一家大型企业也很难承担了，因此协作分工必须从企业内部走向全社会。

但软件开发社会化协作的前提，是打开软件内部功能的标准化，让大家以模块化的形式承担任务。

就像在工业时代，开放机器的内部构造，才可能实现全球性大规模协作生产一样，开源运动正在改变传统软件小作坊式的生产方式，让软件开发的社会分工化、超大规模协作和标准化生产成为可能。

家庭作坊式协作→企业内部协作→社会化协作

软件业走过了个人英雄主义和企业内合作开发的阶段，正在基于开源走向社会化协作阶段。

41
新福特主义

工业化开始的标志是蒸汽机，全面到来的标志是福特汽车。“福特主义”开始了以流水线、标准化和大规模方式生产汽车等工业品，用户逐渐向平民化转变。

信息化开始的标志是计算机，但信息化时代还没有全面到来。计算机和互联网的核心是软件，其生产方式是手工作坊式的，还不能流水线、标准化和大规模生产。软件目前还是奢侈品而不是大众商品，因为使用者主要是“贵族式”的企业用户，而不是广大消费者。

软件“贵族式”的生产方式，滞后于人民群众日益增长的需要，导致在一些地区和时期，出现“窃软不算偷”的现象。企业和政府的大量资源被浪费在制止这些偷窃行为的知识产权保护行动上，整个行业陷入恶性循环而难以脱身。

程序员本应是信息时代流水线上的工人，但现在还是手工艺者，复杂系统甚至需要软件“艺术家”（架构师）。工业化消灭了手工业者，但信息化又催生了程序员——这个世上仅存的最大的手工业群体。

在后工业化时代才诞生的这些手工业者，在夹缝中用工业时代之前的生产方式，建设着面向未来的信息高楼大厦。经常被取笑的程序员们，跨了三个时代：在现代社会，用过去的生产方式和工具，打造未来世界。

一方面，工业正在软件化，但另一方面，软件也必须以工业化的方式生产，这就是软件业的“新福特主义”。

在开源社区的支持下，流水线和标准化，陌生人之间分工协作，大规模开发廉价软件的“新福特主义”已经成为可能。

- 容器技术希望实现的，是用工业化的集装箱模式来交付软件。
- 微服务架构希望让软件进一步社会化分工、流水线生产和弱耦合。
- 开放 API 希望把系统的复杂性封装起来，减少分工协作的沟通成本。
- DevOps[16] 正在做的，就像是供应链管理，把生产和使用环节有机关联。
- RESTful[17] 的编程风格希望减少实体间的状态关联，减少协作的关联性。

软件正在吞噬世界，“互联网 +”大厦的基础设施不能建立在由“艺术家”和手工业者建造的沙滩上。同时，“互联网 +”

16. DevOps 是一组过程、方法与系统的统称，用于促进开发、技术运营和质量保障（QA）部门之间的沟通、协作与整合。简单理解，就是开发运维一体化。

17. RESTful 是一种软件架构和设计风格，是用于客户端和服务器交互类的软件，基于该风格设计的软件可以更简洁，更有层次，更易于实现缓存等机制。

的时代，不能不懂编程就是文盲，不能让每个行业的人都成为软件专家。

福特的“T”型车开创了流水线生产的时代，让美国成了车轮上的国家。以开源等为代表的软件工业化浪潮，正在让软件定义世界。

工业正在软件化，但软件也必须以工业化的方式生产。

42 开源的“绿帽子”

开源（OpenSource）已经发展 20 年了，成了气候，成了用计算机语言书写的标准。

事实上，开源就是一种软件开发和发布模式。

社区版——由开源社区负责软件代码的开发和维护，向用户提供源代码形式的软件。业界把社区提供的源代码称为“社区版”，通常只是解决了社区成员最感兴趣的或最有意思的问题，很难直接作为产品。

商业版——在社区版的开源代码基础上，一些企业会做二次开发，优化代码的性能、安全性、可靠性、打补丁和改善易维护性等，推出商业版的产品，并且提供各种技术服务和培训等，收取一定的费用。这是开源企业的价值所在和商业模式。

因为做了二次开发，就会有一些创新，可以反馈回社区，也可以申请一些专利，因此开源企业拥有一些创新，一些自主知识产权。

然而，开源并非没有限制，而是必须遵守授权协议，也有知识产权。

目前，个别企业真的把自己当成了风口上的牛，让人不忍直视。虽然可能 100% 的核心知识产权是别人的，自己只是自主开发了一层“皮肤”，几个插件，修改了一个 BUG，提交了几行代码，拥有零零星星的几项边缘性的专利，竟然公开声称“拥有完全自主知识产权”，是“完全自主开发”的。

抱养了别人家的开源孩子，违反开源软件的授权协议没有公开声明，回家捯饬一下，甚至上个补习班，就出来说这孩子是自己一手完全养大的，完全是自己的“基因”，这难道不是给自己戴了顶“绿帽子”？

我突然理解了全球最大的开源公司，为什么叫“红帽（redhat）”了。

被人怀疑孩子不是自己亲生的，也不公开源码让同行审查，做独立第三方的代码 DNA 鉴定，理由是“商业秘密”，是为了保护知识产权。

好吧，不做“绿帽子”的 DNA 鉴定，为了保护家庭的和谐、家长的隐私和孩子的成长，也是没有毛病的。

阳光下也有罪恶，但会少很多。

前几年，某知名公司声称自己的操作系统是自主研发的，兼容 Android 但不是根据 Android 改的，因为搭载了自主研发的一些东西。这里的宣传语没有“完全”，是“自主开发”而不是“自主知识产权”，不管真实情况如何，先学习一下人家的宣传水平。

20 年后的今天，整个世界已经运行在开源代码上了。

开源并非没有限制，而是必须遵守授权协议，也有知识产权。

43
适者生存

电信网与计算机网的方法论和技术路线迥异，是因为思维方式不同。而思维方式不同，是因为信仰不同。

在电信的世界里，网络技术要是面向连接的（co-ps）：先与对方建立联系，再传递信息，最后必须说再见。面向连接，是质量的保证，是安全的保证，是控制的保证，从 X.25[18]、FR、ATM、MPLS[19] 到 3G、4G、5G，一路走来都是这样的。

在计算机的世界里，网络技术是面向无连接的（cl-ps）：不用事先建好通信连接，消息自带源和目的地址，自己的事情自己做，不打招呼直接快递，结束时连声 ByeBye 都不说，很没礼貌。从以太网、IPv4 再到 Wi-Fi，都是这副样子。

对于服务质量，电信业主张“电信级”，要绝对保证 99.999% 的可靠性。互联网主张“Best effort”，走哪算哪。

“电信级”的说法，我一直没有能够从权威标准中找到出处，因此很可能是个市场营销时的说法。“Best effort”通

18. X.25，一种广泛使用的数据终端设备和数据电路终接设备之间的接口协议。

19. MPLS（多协议标签交换）是一种用于快速数据包交换和路由的体系，为网络数据流量提供了目标、路由地址、转发、交换等能力。

常被翻译成“尽力而为”，在中文语境里这几乎等于“不够尽力”。其实，“Best effort”还可以翻译成“拼尽全力”“一直在努力”“生命不息奋斗不止”等，马上就感觉高大上了。

传统电信网技术	TCP/IP 技术
业务与网络耦合	应用与网络分离
电信级，确保好了再上线	Best effort，先用了再说
有状态，面向连接	RESTful，无连接，无状态
复杂性在中间网络	复杂性在边缘终端
分层分级	分布对等
喜欢画横图	喜欢画竖图
先规划设计	野蛮生长
浪费资源可耻	浪费点资源没关系

图4.5　传统电信网与TCP/IP的信仰对比

信仰无关好坏和错对，只看历史机遇。无论是电信信仰还是互联网信仰，都有各自明显的优缺点，因此会经常借鉴对方的特点，就像商业软件和自由软件的信仰本来泾渭分明，现在也相互吸收对方的特点为己所用一样。

2000 年后，大热的下一代网络（NGN），是用“IP 技术，电信信仰”的典型案例，信仰冲突的结果是烂尾了。IMS（IP Multimedia Subsystem，IP 多媒体子系统技术）的集中控制是典型的电信思维，而其核心技术 SIP 却是互联网思维的产物，这种莫名其妙的混搭让 IMS 几乎销声匿迹了。

技术的信仰也是道，道不同不相与谋，融合时一定要取长补短。

MPLS 是在 IP 转发中引入了传统电信的做法，在局部应用中成功了。SDN 是在 IP 的路由控制层面，引入了一些电信集中控制的思路，也算是在数据中心成功了。

互联网的 TCP/IP 与电信业 ATM 等技术信仰完全不同，而后来 TCP/IP 一统江湖，不仅是因为 TCP/IP 本身厉害，也是因为踏准了摩尔定律的节奏。时势造信仰，信仰造英雄，适者生存。

技术的信仰也是道，道不同不相与谋，融合时一定要取长补短。

44 网络中立的背后

2017 年 12 月 14 日，美国废除“网络中立”法案，引发全球高度关注。本质上，网络中立是电信业和互联网业的利益之争，从技术层面延展到了政策层面，讨论是否应该坚持让网络一直充当“傻子”。

其他各种支持网络中立的理由，如“互联网已死”“自由、平等”“保护消费者权益”“反垄断”等，都是用来遮蔽吃瓜群众双眼的浮云。

屁股决定脑袋。只要看这些言论的出处，就知道他们会支持还是反对了：位于网络边缘的（如互联网公司和手机厂家），就会呼吁网络中立；位于网络中央的（如电信运营商），就会反对网络中立。

互联网企业支持网络中立，是希望把互联网“端到端透明”的技术优势，通过法律和政策固定下来，春秋永续。

网络是公共服务平台，但公共服务平台不只是网络。当一些互联网公司口口声声表达废除网络中立的危害时，却对“智能手机中立”“操作系统中立”“App Store 中立”“云平台中立”“搜索引擎中立”“电商平台中立”“算法中立”等避而不谈。呼吁网络中立的各种理由，如公平性、防止歧视和被控制等，很多难道不也适用于这些平台和内容吗？

由此可见，呼吁“中立”只是手段，而一切都是为了自身利益。可是，如果我们从一个更大利益的角度出发，为了全社会、更多用户的利益，就需要放到更大的视角，到历史中去寻找政策取向。

20 世纪 60 年代，美国政府的政策不允许 AT&T 进入计算机行业，是为了扶植刚刚兴起的计算机产业。20 世纪 70 年代，政策不允许 IBM 硬件和软件捆绑销售的商业模式，是为了扶植刚刚兴起的软件产业。20 世纪 90 年代，微软浏览器的反垄断官司，是为了扶植刚刚兴起的互联网产业。

电信业和互联网，一个提供网络，一个提供内容，是一个相互依存又有一定竞争的关系。当二者的关系失衡时，就需要外部力量，需要政策的介入。

美国在 1984 年拆分了贝尔，在 1996 年进一步开放了电信市场，Tim WU 在 1990 年提出网络中立的建议，大背景是为了抑强扶弱，促进新兴的互联网发展，抑制电信业的垄断。

这一政策取向无疑是非常成功的，我们大踏步来到了互联网时代。

但经过 20 多年的发展，乾坤早已颠倒。一边是互联网巨头享受了技术和政策红利，形成了新的垄断，获得了超额利润。另一边是全球电信业进入了发展的停滞期，风雨飘摇，到了衰退的边缘。

全球信息通信业发展的主要矛盾，已经转变为互联网的高度繁荣和飞速发展，与支持其发展的网络基础设施创新乏力和发展缓慢之间的矛盾。

注意，这不是中国特色，而是全球性的现象。

20 年来，相对于互联网，网络基础设施的创新发展乏善可陈。从云计算、大数据、AI、IoT 到产业互联网，业界都认为需要新的网络基础设施。但网络中立的政策取向，却在抑制这一天尽早到来。

时势易也。20 年前，业界需要扶植互联网发展的网络中立原则；20 年后，看起来电信基础设施的发展，更需要政策支持。

网络边缘的力量会支持网络中立，位于网络中央的力量会反对网络中立。

45
连接主义

“连接主义”认为，应该关心万物间的关系，而不是万物本身。一个实体的价值不在于自身，而在于它在网络中的位置。从这个角度看，人类社会的发展史，可以概括成一个不断扩大连接种类和范围的过程。

如果说部落时代是靠血缘连接建立了社会网络的信任，农业时代是靠熟人关系建立了社会网络的信任，那么工业时代就是靠契约建立了社会网络的信任。对应地，计算机之间的连接关系，从物理连线的本地外设，到局域网连接的熟人，再到互联网连接的陌生人，也走过了类似的过程。

血缘连接

早期人类社会尤其是狩猎采集的部落时代，主要靠血缘确立一个人的身份和社会关系，靠婚姻“运维”和“升级”这种关系，从而形成一个相互信任的社会网。

血缘类似计算机物理线路的“硬连接”。硬件定义连接的缺点是没有灵活性，扩展性差，可建的社会网络规模很小。

人类大脑平均能够维持 150 个社会关系（“顿巴数”），据说就是因为我们在血缘社会生活得太久了，150 这个数字进入了大脑的基因。因为顿巴数的限制，“结识新朋友，不忘老朋友”，只能是个理想。

在中国社会，超过“五伏”可以不认血缘关系了，以便通婚。假如画一个人血缘关系的“顿巴数同心圆”，“四环”内的平均亲戚数不足 150，“五环”内的平均亲戚数会超过 150 个。因此，“五环”内不仅因为比“四环”多了一环，而且属于“顿巴数城区”，“五环”外就是人脑无法处理的“顿巴数郊区”了。

血缘连接从“自启动（boot）”后就是硬件定义的了，后天不可编程，直接内置了信任关系，天然就是熟人社会。“你是你”或“你妈是你妈”，是无须被额外证明的。

血缘连接就像早期的计算机外部接口，如 9 针 /25 针串口，或打印机 / 扫描仪用的并口等，都是物理的硬连线，信任是固定的和天然的，但缺点是通信距离短，可连接的结点数量非常有限。

熟人连接

随着农业生产力的提高，人口快速增长，社会交流剧增，不能只通过血缘定义可连接的网络结点和规模了，需要新的连接形态扩展熟人社会，这主要靠语言。

自然村落，最初是由同一血缘关系的人组成的，后因贸易、战争、迁徙等原因，加入了一些没有血缘关系的“异姓”节点，网络开始扩展。

因为非血缘结点的扩展缓慢，数量极少，连接稳定，因此确认身份和社会关系，加入“异姓”后继续保持熟人社会是完全可能的。这大致有两种方式，一是“村长”的集中式官方渠道，二是“八卦爱好者”的分布式的 P2P 渠道。

因为网络效应，吸引“异姓”加入“血缘网络”的好处是非常明显的。“异姓”结点也都会积极配合“身份调查和确认”的工作，以争取早日被网络接受，享受网络效应带来的新价值。

血缘社会只通过“异性”扩展，熟人社会还通过“异姓”扩展，后者的网络规模快速扩大。中国传统的乡村社会，基本就是这样的连接和信任模式。

“你是你”或“你妈是你妈”，虽然说的是血缘关系，但也可以靠“异姓”乡亲来证明。

以太网等局域网，用于教育科研的早期互联网，信任建立在技术网络之外的社会网络上，是基于熟人社会的假设设计建立的：网络没有内置的信任机制。

陌生人连接

工业时代的到来，贸易的繁荣，流动性的加剧，城市的建立等，人类来到了陌生人时代，以前缓慢和小规模的身份确认和关系建立方法不再适用，需要大规模、及时地建立信任关系。

这只能基于共同的法律法规，建立在共同契约的基础之上。共同的法律法规，让即便说着不同的语言和拥有不同信仰的人，也可能建立连接关系。现在，不仅异性和异姓，就连“异信”（不同信仰）之间也可以建立值得信任的连接了，网络规模再次被快速扩大。

人类数百万年来，一直生活在由共同的血缘、地区和信仰等组成的熟人社会中，现在突然住到了“地球村”。那么，说着不同语言、拥有不同宗教信仰和文化传统的陌生人，也需要彼此合作了，身份焦虑和信任焦虑也就随之产生了。

在互联网上，不仅是一个陌生人社会，还是一个虚拟社会。人类才刚刚勉强为物理世界陌生人社会的连接信任找到了一些方法，现在却匆忙进入了互联网的虚拟世界，身份也要O2O了。

连接先是通过“异性”扩展到部落，然后通过“异姓”扩展到部落联盟，现在连接已经扩展到“异信”之间了。

46
人类不是中心

哥白尼结束了以人类地球为中心的宇宙观，达尔文结束了以人类为中心的生物观。可惜现代信息通信技术，还停留在以人类为中心的时代。

人类发明了电报，可以远距离传递文字。文字是人类专属的抽象符号，如果拿一份电报给小狗看，它一定会一脸懵圈。

人类发明了电话，可以远距离传递声音。声音不是人类专属的，这时一条小狗会听出电话中主人传来的愤怒之音。

人类发明了电视，可以远距离传递视频。视频更接近自然，信息量更大。

前 20 年的互联网被称为消费互联网，主要服务于人与人之间的交流。现在的互联网被称为产业互联网或物联网，主要服务于机器之间的通信。

图4.6 万物互联

从文字扩展到声音和视频，从人扩展到机器，从面向人的 SQL 数据库到面向机器的大数据，从人类学习到 AI 的机器学习，从信任人类到信任机器的区块链，都是在以人为同心圆逐步向外扩展。

信息技术不能只为人类服务，而我们正在建设的物联网，万物后面站着的还是人——以人为中心。

而这个世界即使有中心，也不会是地球和地球上的人类。宇宙设计计算和通信时，不会关心人类的感受。而如果不以人类为中心，万物早已互联。宇宙万物是相互联系的，生物的生存与环境息息相关，思考是大脑神经元相互连接的产物，而交流也不是人类的专属。

如果放弃人的视角，万物早已互联。

47 互联网的朋友圈

互联网与其他行业的融合，即所谓的“互联网 +”，具有明显的次序和节奏。互联网以自己为核心，“远交近攻”，采用“杀熟”的策略逐步扩大“朋友圈”，逐步纳入自己的版图，并且试图把文化也统一到“互联网思维”。

互联网本质上是信息服务业。20 多年前，互联网开始了对最熟悉的信息服务业的融合。送信的邮政、发新闻的报纸、送话音的电信等都是信息产业，因此它们首先被“近攻”，宽带、E-mail、网站和 VoIP[20] 就是“大杀器”。

20. VoIP 协议，指的是在 IP 网络上使用 IP 协议以数据包的方式传输语音。

互联网的“朋友圈”被扩大后，又逐步熟悉了“被靠近”的新行业。10 年前，互联网开始了对广义信息产业的融合，即信息服务占比非常大的行业。互联网教育、互联网医疗、互联网旅游、互联网交通等“被靠近”，因此“被近攻”，移动互联网、可穿戴设备、大数据、二维码、网络支付和分享经济就是“大杀器”。

现在，互联网又开始与农业、工业等融合，AI、传感器等就是“大杀器”。

而当互联网选择好融合标的后，互联网的进攻和传统产业的防守，也是有套路的。从 20 多年的“互联网 +”的现实来看，融合是分两步完成的。原因在于，传统行业接受新技术和新思想，培养人才，改造旧系统需要一个较长的过程。互联网从业者通常非常年轻，对传统行业的理解经常过于表面化，尤其是对一些管理和安全等要求，需要一个较长的过程才能消化理解。

第一阶段是在技术层面。在不改变传统行业原有体制、框架、管理和流程的情况下，表现得很单纯，只引入互联网技术。例如，“会计电算化”“金融信息化”“NGN”“IPTV”“IMS”“电信级以太网”等，都是这样的套路，统称为“中学为体、西学为用”。

现在的车联网、工业互联网、金融科技等，都还处于 1.0 阶段：只融技术，不融理念。

第二阶段是在文化层面。当互联网新技术被规模应用，取得显著效果后，人们会发现这一新技术与企业的框架、内部流程、管理机制甚至边界等有明显冲突的地方，需要调整。于是，提出所谓的互联网思维，就是彻底改造传统行业的开始。

传统行业一般会分为上面两个阶段拥抱互联网，而互联网公司则是同时引入技术和思维，希望一步到位，因此显得“激进些”。例如，电信业经过了“IP 的电信化改造”“三网融合”“去电信化”等的发展后，已开始进入这一阶段了，全面拥抱互联网思维了。

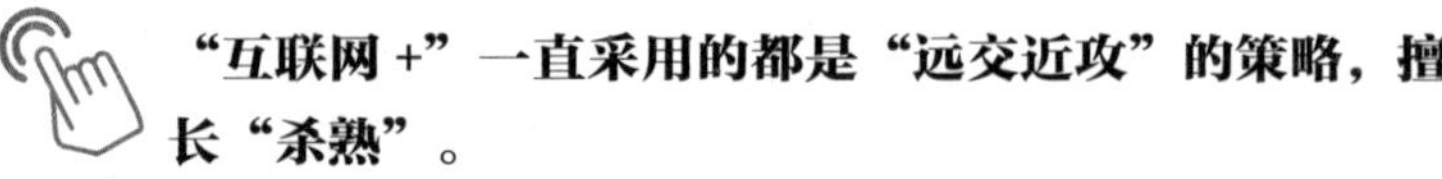

“互联网 +”一直采用的都是“远交近攻”的策略，擅长“杀熟”。

48
自研还是外包

自研还是外包？这是任何一家大型企业都面临的问题。纵观历史发展历程，运营服务和产品研发分离，是一个行业走向成熟的标志，但同时也很可能是行业重大创新终结的信号。

以电信业为例，目前的电信企业大致可以分为两类：提供服务的电信运营商和提供设备的制造商。制造商研发产品卖给电信运营商，电信运营商搭建通信网络卖给用户服务。即使从贝尔的电话算起，现代电信业也已有 120 多年的历史了，而看似经典的电信服务与设备研发分离的模式，实际上才只有 20 多年的历史，是从 AT&T 把 Lucent（朗讯）分拆出去开始的。

AT&T 的前身是由电话发明人贝尔于 1877 年创建的美国贝尔电话公司，长期垄断全美州内、州际和国际电话服务，控制着电信设备的研发，并且拥有 8 项诺贝尔奖的贝尔实验室。

晶体管、激光器、太阳能电池、发光二极管、数字交换机、通信卫星、电子数字计算机、蜂窝移动通信设备、长途电视传送、仿真语言、有声电影、立体声录音、通信网、Unix和C语言等，都是贝尔实验室的杰作。

AT&T引领全球电信业风骚100年之久，其曾经的影响力比今天Google、Apple、Facebook和Amazon加起来，对互联网行业的影响力还要大。但与互联网巨头不同，这一地位主要是靠垄断获得的。随着美国政府强力地反对垄断，以及电信业开始阻碍新兴互联网的发展，1984年，AT&T被拆分了，从此全球电信业的发展模式彻底变天。

在电信市场的激烈竞争下，为了将电信产品卖到AT&T以外的电信运营商，1996年，AT&T决定把设备研发部门独立出去，组建了一家叫Lucent的设备制造公司，AT&T则专注于服务。同时，贝尔实验室归了Lucent。拆分后的Lucent曾经是现象级的公司，市值一度高达2580亿美元，与法国的阿尔卡特、加拿大的北电网络一起，左右着全球电信业的标准、创新和发展的时间表。

20多年前这一标志性事件开始，全球电信运营商和设备制造商分离的行业惯例得以确立，中国的“巨大中华”等电信设备公司，也是在这样的历史大背景下崛起的。当然，这里并非说电信运营商都不做研发了，而是核心电信设备从自研走向了采购。

纵观产业史就会发现，电力、航空、电影、铁路、金融、电视和计算机等“传统服务业”，在其发展早期，属于运营服务和设备制造不分离。计算机主要由芯片和软件组成。早期计算机的芯片和操作系统等软件，都是计算机厂家自研的，后来芯片和软件研发与计算机分离，计算机厂家改为从 Intel 和微软等公司采购芯片和软件。

自研模式能更好地适应新兴行业，换言之，就是传统产业的早期阶段，优点是能够快速迭代，快速适应市场变化，方便技术保密和业务保密，有利于创新和形成差异化竞争优势。但当一个行业进入中后期，创新会趋缓，标准化会提升，技术保密需求降低和开放性增加。在自研模式下，企业反而会被自己的研发团队绑架，无法从外部市场上获得最优的技术和产品支撑，封闭和非标准化导致成本开始高企。

企业选择自主研发还是直接采购第三方，不是由企业自身决定的，而是由其所在行业的发展阶段决定的。当其所处行业还处在幼儿期和青春期时，重大创新不断、市场快速变化，自研是最好的选择。当行业步入中老年期，创新式微，由技术创新驱动走向规模效益驱动时，选择采购第三方可能会更好。

从 19 世纪 80 年代到 20 世纪 80 年代，电信业服务商和制造商不分离的发展模式，是因为电信业处于青春期决定的。从 20 世纪 80 年代开始，电信业从自研转向采购模式，是因为电信业步入了成熟的中老年期。

今天的互联网企业，主要模式是同时做运营和研发，对外采购标准化的设备、软件，以及非核心竞争力的服务。互联网企业多采用自研模式，不是因为所谓的互联网思维，不是其代表了先进生产力，而只是互联网还处于产业发展的早期阶段而已。

随着互联网行业的逐步发展成熟，行业分工进一步细化，运营服务与产品研发分离，后者成为独立的第三方供应商，为更多的企业提供技术和产品。

现在，电信运营商纠结于是否应拥有自己的研发队伍，在从成熟的电信行业转向新兴的互联网行业时，因模式巨变出现的焦虑。归属了制造商 Lucent 的贝尔实验室，没有了一线的需求驱动和雄厚资金的支持，从此不再伟大。贝尔实验室逐渐被人忘记，全球通信业也从此失去了指引航向的灯塔，或许，电信业本身已经不需要什么灯塔了。

运营服务和产品研发分离，是一个行业走向成熟的标志。

49 富不过三代

在生物的世界里，“代（Generation）”通常指出生和生活在大致同一时期的一群人，如“80后”或“Z世代”。而在技术的世界里，“代”通常不是指同一时期的一组技术，而是指相邻时期，具有“基因”传承关系的技术，如无线领域的4G到5G。

因此，生物的“代”重点关注的是同一代人具有的共同特征，以时间为核心，如饮食、信仰和生活方式等。技术的“代”重点关注的是两代之间的明显改变，以“技术特点”为核心。

在技术的世界里，不同人的关注重点可能明显不同，因此对“代”的定义也就差异明显。如计算技术，有人从核心硬件看，分为“真空管”“晶体管”“集成电路”“超大规模集成电路”等代；有人从形态看，分为“大型机”“小型机”“PC”“手持”等代。

但无论怎么划分，“代”都需要具有以下特点：

- **明显的时间顺序，“辈份”不能乱；**

- 从某个维度看，“代”之间的明显相似性；
- 从另一个维度看，“代”之间的明显差异性。

要成为“一代”技术，要么性价比比前辈技术高至少 1 个数量级，要么可以做前辈技术办不到的很多事情。如果兼备这两点，就很可能不仅是“新一代”技术了，如果再加上商业模式的改变，那就是颠覆性技术了。换言之，颠覆性技术指性价比大幅改善或适用范围明显扩大，同时商业模式又不同于前辈的技术。

在技术的代际传承中，爷爷辈的高科技，在父辈看来就只是传统技术了，而在孙子辈看来不是技术，只是本来就存在的稀松平常的一部分。技术的关键点会快速变化，贬值速度远比通货膨胀快，技术的百年老店非常罕见。

无线移动通信，早期最让人头痛的是通话质量，能够把通话质量做到极致就是高科技，于是摩托罗拉成了霸主。到了无线的 2G 数字时代，高品质通话质量不再是难题，而是蓝领和技校的事了，提供更多功能的“功能机”成了高科技，于是诺基亚火了。到了 3G 时代，功能也不是高科技了，上网才是，于是 Apple 火了。到了 4G 时代，是无线的一代，但对互联网而言根本就算不上一代。

在互联网之前，电信运营商主要提供的是话音服务，算第一代，无疑是信息业的霸主。在互联网时代，电信运营商主要提供的是 IP 流量服务，算第二代，统治了互联网的基础设施，但霸主换成了上层的互联网企业。在云计算时代，电信运营商传递的是计算服务，算第三代，虽然云计算还是基础设施，但电信运营商显然更式微了。

计算机业最早是硬件主导，卖硬件送软件，IBM 和 HP 等因此崛起。到了 20 世纪 70 年代后，软件业后来居上，卖软件产品成了第二代的主导力量，如微软、Oracle 等崛起了。到现在已经是第三代了，开始卖云服务了，如 Amazon 等崛起了。

依托于某一代新技术，会兴起一批技术型公司。这些公司中，又有极少数踩准了子代技术，就会发展成行业巨头。如果走了“狗屎运”，又一次踩准了孙辈技术，那么就会成为“巨无霸”企业或百年老店，如 IBM。

而对于技术巨头，如果踩错了子代技术，会大伤元气但不会致命。如果接着又踩错了孙辈技术，就很可能要沦落民间甚至消失了。但也有可能，踩错了子辈技术却踩准了孙辈技术，咸鱼翻身，典型的如微软，踏空了互联网时代，却成功拥抱了云计算。

技术的贬值速度远比通货膨胀快，技术的百年老店非常罕见。

50 智能迁徙图

互联网把智能迁移到了网络边缘，导致很多问题都需要终端用户自己动手解决，让早期用户成了互联网问题专家，当然早期用户本来就是互联网专家。这就像汽车刚刚诞生时，人们被迫成为汽车专家，因为汽车的用处实在太多了，大家还是买了车。但要进一步普及汽车产业，就要驾驶和维护自动化等，不能让每个人都懂汽车技术。

降低互联网带给普通用户的复杂性，基本思路有三个：一是把智能迁回网络，以增加网络的复杂性，降低终端的复杂性，从而方便用户操控和提升用户安全性；二是把智能继续保留在终端上，但尽量向用户屏蔽，这有些类似傻瓜相机的工作机理；三是把智能从用户侧迁移到云端。

第一种思路，大约从 1998 年开始，以电信运营商为代表。电信运营商以只引入 IP 技术，不引入互联网架构和信仰的方式，“中学为体、西学为用”，发明了基于 IP 的软交换、NGN、IMS 和 IPTV 等架构，试图将控制权重新转移回网络，但几乎都失败了。

第二种思路，大约从 2007 年开始，以智能手机和应用商店为代表。iPhone 等把多点触屏技术引入智能手机，向用户隐藏了复杂的计算机键盘和鼠标，大幅降低人机交互门槛，终于让幼儿和老人也成了（移动）互联网的用户。另外，应用商店降低了用户选择、安装和维护应用软件的门槛，也使用户提升了 App 的信任度（尤其在封闭的 iOS 环境中）。

第三种思路，大约从 2006 年开始，以 Amazon 推出 AWS 为代表，把用户软件和应用的复杂性迁移到云端。如果说传统 PC 软件 / 互联网架构要把每位用户都变成系统管理员，那么云 /SaaS 则是把程序员变成系统管理员，解放了每位软件用户。这一思路早期的典型案例是 1996 年诞生的 hotmail，将用户的 E-mail 服务迁移到了邮件服务器，解放了 E-mail 用户的复杂性（hotmail 最早的拼写是 HoToMail）。

把计算机当互联网终端，对大多数用户而言太复杂了。目前看来，不直接改变“智能终端傻网络”的架构，而是一边利用智能手机等屏蔽用户使用互联网的复杂性，另一边利用云计算把复杂性迁移到云端，是最可能的迁徙路径。

云计算正在把网络的复杂性从终端迁移到云端。

51 技术创新秘笈

当传统在左侧时，创新就必须转向右侧。

1957年，苏联成功发射了第一颗卫星后，美国科学家比尔·盖伊和乔治·威芬巴赫通过在地面上架设多台接收设备，利用多普勒效应计算出了卫星的具体位置。他们汇报时领导却说，既然通过地面站可以计算出卫星的位置，那么反过来，通过卫星也应该可以计算出地面的位置，于是就有了今天的全球定位系统（GPS）。

20世纪70年代，当功能近乎完美的令牌环网主导局域网市场，看似无可撼动时，以太网却以“简单、粗糙和廉价”一直笑到了今天；当3G优先追求更好的移动性管理时，无线局域网却选择了“以太网思维”，以“简单、易用和廉价”占据了诸多市场。

20世纪70年代，当通信行业的X.25和ATM主张电信级、面向连接、智能网络傻终端、自上而下和集中控制时，互联网的TCP/IP却主张Best effort、无连接、智能终端傻网络、自下而上和分布控制，一统网络江湖直到今天。

20世纪90年代，当闭源的Windows统治桌面世界的时候，开源模式的Linux在服务器等市场取得了惊人的成功，而同样采用闭源模式且有巨头支持的IBM OS/2和Apple OS X等却失败了；21世纪初，当闭源的Apple iOS开始引领智能手机潮流时，Google立即用开源的Android约战，目前已经占据85%以上的市场份额。

在移动通信技术中，假设用户移动，基站不动。而在Google气球项目中，却假设用户固定，基站移动。

战略只是在做选择。选择一个战略的反方向，也还是战略。无论技术在什么地方，对面地带一定是薄弱点。无论技术走向了哪个方向，相反方向一定存在新的机会。避其锋芒，攻其软肋，是所有创新的基本原理。

	先导者	创新者
芯片	x86（性能高）	ARM（节能好）
操作系统	Windows（封闭）	Android（开放）
计算	云计算（集中式）	边缘计算（本地化）
通信	3G（移动性管理）	Wi-Fi（没有移动性管理）
云计算	AWS（闭源）	OpenStack（开源）

图4.7 先导者和后来创新者的比较

创新者和挑战者的机会，往往来自于主流的“对面地带”。

52

螺旋式上升

当“传统在左，创新向右”时，技术的外貌呈现出左摇右摆。在时间的长河里再加上商业力量的左拉右扯，这种摇摆最终变成了“螺旋式上升”。

民众将在政治、经济等领域的一些主张和喜好，直接移植到了技术世界。技术不仅有信仰，也经常被人为地赋予了道德色彩。有些技术道德高尚，有些技术助纣为虐。技术上宣扬分布式、对等和开放性等，一般会被认为是道德正确的。

商业世界为了获得更多的控制和利益，经常表现出集中式、层级化、封闭性等趋势。历史上商业和政治的信誉从来就都不太好，因此民众认为具有这类特点的技术也在“助纣为虐”，经常被认为是不道德的。

例如，互联网宣称开放、对等和分布式等，直接占领了技术道德的制高点。与之对应，传统电信技术被描绘成封闭、层级式和集中控制的，貌似是不怎么道德的。

技术和商业融合后的载体，是产品或服务。因此，互联网技术产品的基因是双螺旋结构的，一条链是技术，另一条链是商业，彼此方向相反，相互缠绕。

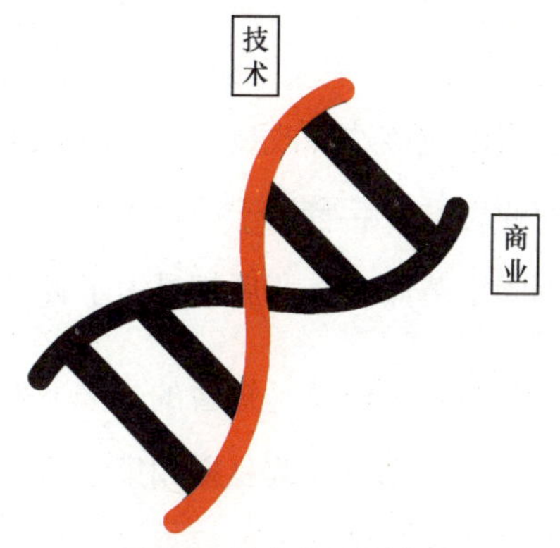

图4.8　技术产品的基因

商业信仰的集中式属于改良式、悄无声息的发展。技术（颠覆性）信仰的分布式属于革命式的、喧嚣的发展。

商业的本质是追求更高的利润和更低的成本，集中式就是最好的解药。如果说“改革开放”等指导人类社会的分工重组，那么分布式就是发生在技术世界里的，关于机器职责的分工重组，是机器分工的进一步细化和权力下放。

与人类社会类似，产业的重大变革也往往诞生于新的分布式技术，从技术的重大分工重组开始。

当技术向商业妥协时，技术的道德信仰会被商业“扭曲”，即传统技术势力的演进式创新，直到整个技术生态不堪负重，重大分布式技术创新重新崛起；而当商业向技术妥协时，道德正确的新技术会被重新树立起来，颠覆式创新的技术势力快速崛起，同时商业诱惑的红苹果很快就会出现，让技术新势力开始走向集中。

关于未来互联网应该选择改良还是革命道路的争论，本质在于前者属于商业思维，后者属于技术思维。而产业界倾向于改良，学术界倾向于革命，其背后都是为了各自的利益罢了。

颠覆式技术的革命激情总是短暂的，接下来就是漫长的商业控制技术的时代，技术进入改良期和集中期。因此大部分时间，我们都活在商业控制的技术世界里。

"传统在左，创新向右""技术趋于分布，商业趋于集中"，于是成年后的技术，大多会活成自己曾经讨厌的样子，而凡是能用钱解决的问题，都不是技术问题。

产品的基因是双螺旋结构的，一条链是技术，另一条链是商业。

53 技术的食物链

互联网技术日益增多，已经形成了自己的生态。任何新技术要想取得成功，必须尽快融入已有的生态系统，找到适合自己生存的生态位。而生存下来的新技术，也会逐步发展出自己的小生态，并最终成为大生态的一部分。

在生物世界的生态系统中，是有食物链的，每种生物的地位并不平等。同样的，在技术世界的生态中，也是有依存链的，每项技术的地位也不平等。

一般来说，被其他技术“奴役”越多，被其他技术当作“食物”和“资源”的机会越多，貌似位于技术食物链低端的技术，江湖地位反而越高，越是稳定。

位于食物链低端的技术，是那些市场需求更大、通用性更强的技术，这些技术对上层的控制力也越大，话语权也越大。俗话说，人往高处走，水往低处流。人控制的技术，会像水一样往低处去，甘当食物链的底端。

芯片位于IT世界的最底端。就像光合作用是生命和非生命的边界一样，芯片就是IT世界与外部环境间的门户。没有光合作用的外部世界，就是非生命的了。没有芯片的外部世界，就是非 IT 的了。

2010 年爆发的“3Q 大战”，就是位于上层的应用（QQ 社交软件）与位于下层的安全软件（360 安全软件）之间的纠纷。从技术角度看，安全软件运行的位置更低，处在操作系统中，而 QQ 社交软件运行的位置更高，是在操作系统上的应用层，因此前者随时都可以掐后者的脖子。

同样的，前些年移动互联网的“入口大战”，从浏览器、安全软件、操作系统到硬件 ROM[21] 的争夺，也都采用“钻地鼠”策略，越向下，控制力越强。

21. ROM（只读存储器），是一种只能读出事先所存数据的固态半导体存储器，特点是当断电后所存储的信息不会消失。

因此，为了获得更多的控制权，就需要努力下沉技术。但是，不是你想下沉就可以下沉的，很多时候会被市场拒绝。因为下沉的技术多了，不仅失去了下沉的目的，而且副作用很大：越是下层的技术，复杂性越高；把技术植入下层，可能会导致整个系统效率和性能急剧下降。

以互联网基础设施技术为例。互联网上的流量大多是点到多点的分发式的，如浏览、直播等。因此，IP Multicast 技术认为网络层不能只提供点到点的通信能力，应该增加组播能力。同样的，互联网上的流量，大多需要服务质量保证、安全通信和移动性支持，因此在网络 /IP 层提供 IP QoS、IPSec 和 IP Mobility，是天经地义的。

IP Multicast、IP QoS、IPSec 和 IP Mobility，加入 IP 层听起来都是很有道理的，IETF、学界和产业界也一起努力超过 20 年了，也曾经虚火过，但目前基本归于沉寂。

究其原因，它们是很多互联网应用需要的，但不是绝大多数互联网应用需要的。它们是 IP 层需要的，但不是必需的。最好在 IP 层实现它们，但应用层也可以实现。

链路层安全性历史上一般只提供对用户的单向认证就可以了。但随着伪基站和钓鱼 Wi-Fi 热点等的出现，链路层的身份双向认证就成为必需品。几年前国内曾经出现的，对无线用户数据的链路层加密传输“创新”，属于下沉了不该下沉的技术，被市场抛弃是顺理成章的了。

Android 操作系统之所以为一些 App 背负了不良名声，如偷流量、窃取隐私、无法卸载等，很重要的一个原因是一些人在 Android 增加了一些不必要的功能，违背了操作系统功能最小化的原则。

云计算的技术核心是虚拟化，无论是 VM 还是 Docker 技术，虚拟化技术都还处于应用层面。但现在虚拟化已经发展成为所有应用的必备功能了，理论上就应该下沉到操作系统层了。

在技术的江湖，越是位于技术食物链低端的技术，地位越高。

54 融合是趋势吗

技术大势，分分合合。

融合是趋势吗？ Yes，是趋势。如 PC、智能手机和互联网，如微信和支付宝，就融合了很多功能。

但如果分离是趋势，稳态也是趋势，那就没有趋势了。在桌面互联网时代，数据、话音和视频通信都可以承载在 IP 上。在移动互联网时代，通信和计算都可以在手机上完成，功能机成了智能机，终端也被融合了。所谓平台化，就是把各种应用融合在一起。

网络和终端融合的结果是应用大规模分离。话音通信从单一的 64kbit/s 固定通信出发，发展出了移动话音、高清话音、VoIP、即时消息话音等。从电信运营商的角度看，网络走向了融合；但从用户的角度，话音通信的基础设施和应用却走向了分离。

三网融合是趋势，承载它们的是 IP 技术。30 多年来，IP

技术虽然一直在自我演进，却也没有多少颠覆性变化，甚至貌似是 IPv6 在“闹分离”。

再看 IT 行业，CPU 是通用计算单元，可以融合服务于各种计算应用。图像处理应用也可以使用 CPU，但性能很差，于是诞生了图像处理专用的 GPU，而且应用范围越来越大，AI 的深度学习算法和比特币的矿机也越来越青睐 GPU 了，并且 AI 和矿机还超越 GPU 做了自己的专用芯片。虽然 CPU 可以融合处理应用，但 GPU 还是成功分离了。

服务器是 IT 行业的传统市场，处于稳态多年，直到互联网的兴起。互联网巨头不再选择通用服务器，而是定制服务器，做整机柜服务器，并且选择了通用架构的 x86。从服务器层面看，这是在分离；从芯片的角度看，却是在融合。

云计算已发展 10 多年了，已经证明了技术和模式的成功，于是行业云成了新热点。所谓行业云就是为通用的云计算，增加一些行业化的特点，从“融合”的通用云服务分离成许多行业云。

现实中有很多边融合又边分离的例子。如果只有融合是趋势，那么有以下疑问：

- 为什么还要区分高速公路和普通公路？
- 为何还要修建高铁专用线路、客货分离的铁路线？
- 为什么要区分载人的小客车和拉货的大卡车？

• 为何还要区分厨房和卫生间？

……

遥想明朝初年，驿站本来是有特定用途的：传递政府公文和军事情报。后来却被融合进了“三公消费”的服务功能，明王朝的负担越来越重，直到崇祯皇帝做出了“三公分离”的决定，并且裁撤大量驿卒。驿卒李自成也“被退网”了，明王朝“役、卒”。

一个技术诞生后，是融合还是分离的一般发展路径如下：

先专用场景，如互联网早期用于数据传递，区块链早期用于比特币；

再通用场景，融合新的应用场景；

再分离场景，通用平台因为效率低下和适用性等问题，部分规模庞大或有特殊需求的场景又分离出去了。

专用→通用→分离

约瑟夫·熊彼特（Joseph Alois Schumpeter）指出，创新是生产要素的重组。“重组”有可能主要做加法，做融合和通用化；但也可能主要做减法，做分离和专用化。融合的优势是通用和低价，代价是冗余和低效；分离的优势是高性能和适应特定场景好，代价是应用场景少和成本高。

行业正在融合，也正在分离，但为什么只有融合被认为是趋势呢？因为融合追求的低价是面向大众的。分离是为了效率，是面向专业群体的。而普罗大众很难感知到专业群体的技术变化，于是看起来只有融合。

分久必合，合久必分，没有分离就没有融合。融合成为行业趋势，或许只是大众感知的原因。“融合”不是行业的发展趋势，包括了融合和分离的“重组”才是发展趋势。

融合追求的低价面向大众，分离追求的效率面向专业群体。

55 独裁者的设计

“委员会式设计”（以下简称“委式”）指有多个人参与的，但没有统一规划和愿景的一种设计模式。在这种模式下，委员会集体对设计结果负责。

它是相对于“独裁者式设计”（以下简称“独式”）模式而言的。后一种模式指只有项目负责人才能决定设计，组织中的其他人员不参与设计与决策。在这种模式下，个人对设计结果负责。

图4.9 “独式”与“委式”

“委式”设计的基本逻辑是“三个臭皮匠，赛过诸葛亮”，当然更多时候是因为多方利益的博弈。这种设计经常会导致产生不必要的复杂、内部不一致、逻辑缺陷和废话连篇，但最重要的缺陷是缺乏一致的愿景。

“委式”设计多见于技术标准的制定、计算机语言的设计或大型组织报告的起草等。而连篇累牍、让人昏昏欲睡的报告，也是这种设计模式的杰作。

当需要一致的愿景和统一的架构、需要技术优先于政治时，专业技术人员经常希望“独式”设计，但会打着“委式”设计的旗号，用“委式”的害处作为借口，以防他人的干预。

大企业的创新，往往要求提交决策层的委员会讨论通过，创新要不被抹平了棱角，要不就被拖死了。

创造性思维、颠覆式创新，大企业的落地实施，只可能是“独裁式设计”的模式，因为创业企业和小企业往往是典型的老板说了算的“独裁式设计”。

“独裁式设计”恰恰能保持活力和创新能力，当然风险也是极高的。

延伸思考：

1. 技术是人类养育的一种新生命体吗？已经成年了吗？

2. 生命体要适应外部环境的变化，技术也要适应市场的变化。为什么技术发展的规律，在技术里更在技术外？为什么做技术的，反而看不到重大技术变革？

3. 创新选择就是站在主流的对面，你搞集中它搞分布，你做性能它做节能，你闭源它开源，你融合它分离，等等。现实中，还有哪些类似的例子，类似的创新机会？

参与专题讨论，听作者答疑

PART

05

第五部分

走向未来

数字时代，我们如何思考与生活

Step into the Future

How do we think and live in the digital age

引言

18 世纪 30 年代，电报诞生，这种比火车快数倍，且不受天气影响的通信工具，颠覆了人们的时间和空间观，人与人的距离极大缩短。

19 世纪 70 年代，亚历山大·格拉汉姆·贝尔（Alexander Graham Bell）发明了电话，从根本上改变了人类的通信方式，千里传音成为现实。

20 世纪 80 年代，世界上第一部移动电话问世，通信开始变得随时随地。而 21 世纪初以 iPhone 为代表的智能手机的风靡和普及，更是开启了一个智能、互联的新时代，互联网加速融入各行各业，实现新一轮技术的野蛮生长。

回望这些历程，我们总是感慨变革来得太快、太猛烈。而事实上，对任何一个时代的人而言，他们习以为常的生活又何尝不是上一轮技术变革塑造的结果呢？对今天的青年人而言，电报、电话都已经是历史，智能手机、智能穿戴设备也仅仅只是日常，而人工智能、量子通信则是可期的未来。

因此，我们可以大胆预测，今天熟悉的一切技术，在未来的技术革命中都将被改变。既然变化是必然，那么我们就没有理由惧怕变革，应该开放胸怀，拥抱变化。

当然，也会有人说这过于理想，因为变革在带来技术进步的同时，也会制造焦虑、恐慌、失业等副产品。而如果想要不被这些“负能量”击中，有一件事情是必须做的，就是尝试看到变化背后的不变，所有的技术变革都是有规律可循的，历史不会重演，但一定是押韵的。

人工智能、区块链、大数据、云计算、开源……面对这些层出不穷的技术以及应用，我们如何在这些“现象”的背后找到技术发展的规律、周期、节奏，是比技术本身更值得关注和研究的课题。

56 三种 IT

人类已经历了 Industry Technology（工业技术）是 Information Technology（信息技术）的时代，目前正在进入 Intelligence Technology（智能技术）的时代。

基于牛顿和亚当·斯密的理论，瓦特的技术和博尔特的资本，以蒸汽机为发端，第一次工业技术时代开始了，彻底改变了原子世界。化学工业、食品革命、化石能源和交通运输等，共同实现了原子世界的新计算、新存储和新传递。

当通过泛在、宽带和融合的电力网，将化石、风力和核动力统一到一张网上传递时，电力网屏蔽了下层具体的能源供给方式，开放能力给所有电力终端，让所有电器都成了电力网的一个个 App。电器就是电力网的 App。

基于图灵机模型、香农理论和冯·诺依曼的架构，现代计算机诞生，第二次信息技术的时代开始了。信息与载体分离，载体越来越轻盈，比特的 Telecommunication（通信）越来越多地替换了原子的 Communication（交通）。

当泛在、宽带和融合的互联网，将文本、话音、图片、视频、数据等都统一到一张网上传递时，互联网屏蔽了下层通信介质的类型，把能力开放给所有 IT 终端，让万物都成了互联网的一个个“电器”。

从 A（Atom，原子）到 B（Bit，比特），世界正在翻面。现实正在变得虚拟，虚拟正在变得现实。

现在，经历两次 IT 革命后，人类彼此可以传递能量，传递信息了，但还无法传递智慧。第一次 IT 革命实现了机器辅助的体力工作，第二次 IT 革命实现了机器辅助的信息工作，第三次 IT 革命实现了机器辅助的智能工作。

人类之所以能够屹立在食物链的顶端，不是因为人类是最强壮的、脑容量是最大的，而是学会了相互协作，彼此连接后产生了群体智能。大脑中神经元的相互连接产生了智能，社会中相互连接的每个人都成了神经元。但目前的 AI 还是单机的，不是 AI 的群体智能。按照前面两次 IT 革命的经验，会先发展出单机版的 AI，然后机器智能彼此连接，机器智能网与人类智能网互通，最后产生群体智能。

未来的“智能网”将会向下屏蔽人类、动物和机器智能来源的差别，向上提供各类超级智能服务。现在每个人都是神经元，但未来智能社会中相互连接的 AI 才是神经元。

先是单机版的 AI，然后是 AI 彼此连接。

57 电报改变了世界

就像在哥伦布开启大航海之前，所有世界史都是本地史一样。在电报发明前，人们坚信自己生活的地区就是世界。

180 多年前，一位 41 岁的中年画家，在邮船上聆听了一位年轻医生关于电磁技术新发现的演讲后，激动万分，从他当时已颇为成功的艺术事业转投科技领域。他就是电报的发明人塞缪尔・莫尔斯（Samuel Finley Breese Morse）。

今天，曾经青春靓丽的电报已步入暮年。但不可否认的是，它曾经改变了世界，也曾经是社会权力和秩序的基本要素。只是这些改变早已融入现代社会，现代人可能因为太过熟悉而浑然不知。

电报是电力革命的起点。在 19 世纪 30 年代，还没有电机和电网，电池是最主要的供电方式。但那时电池的供电因为不稳定、输出功率小和传送距离短等，几乎没有实际用途。当时，电力主要被娱乐圈用于一些魔术和舞台表演，因为电充满了“高科技感”。与娱乐和电疗类似，电报对电的能力需求也并不高，当时的电池技术完全可以满足。因此，电报成了电力的第一个“杀手级”应用（Killer App），让电力从此不再是娱乐的代名词。但需要注意的是，电报不是电力发明后找到的老应用，而是电力创造的新应用。

电报的中继（Relay）概念沿用至今。电流沿着漫长的电线流动时，会逐渐衰减。因此，电报在线路中引入了中继概念，将信号放大或再生。据说这是莫尔斯在苦思冥想衰减问题时，看到驿站的邮差在换马时，迸发而来的灵感。中继思想一直沿袭至今，已成为现代通信的基础性技术之一，并发展到了翻转信号、多路复用和存储转发等。互联网也是基于存储转发技术诞生的。

摩尔斯电码是一种早期的数字化通信形式，由点、划、点和划之间的停顿、每个词之间中等的停顿以及句子之间长的停顿组成。因此，电报虽然是数字化的编码方式，但还不是二进制的。

电报的用户界面（User Interface，UI）设计成了经典。摩尔斯的助手韦尔设计了电报操控系统，一根简单的弹簧支撑着杠杆，操作员通过它达到控制电路的目的。这根杠杆叫“通信员”，后来叫“键”。电报这一简洁而实用的 UI 设计，成了 UI 设计的标杆。

电报改变了人们对天气的认知。电报发明之前需要数天才能够得到目的地的信息，现在只需分秒即可，因此，人们发现了各地天气的实时差异性和后续关联性。从此，天气不再是迷信，而是一种大范围彼此关联的事件。因为电报，天气报告和天气预报产生了。

电报改变了人们对时间的认知。铁路的运行让人们发现所谓时间都是地方时，不同地方的人们其实遵循不同的时间在生活，于是催生了标准时的概念。但铁路运行需要的标准时，直到电报出现后才变得可行，因为之前没有什么比火车跑得更快。19 世纪 40 年代，格林尼治天文台通过电报开始为英国全国的钟表提供“对时”服务。

电报催生了密码学。为了保密或为了简明，电报需要编码。人类语言的冗余度很高，辞藻就是代价，于是电报催生了简明的“电报体”文风，就像互联网的“火星文”和“表情包”一样。电报让文字的神秘性消失，也赋予了一些词汇新的含义。简明电报密码本的盛行，不仅是为了省钱，更是为了保密，密码学由此兴盛。

电报改变了报业。当时的人担心电报会让报纸消失，因为报纸一直就是商业、政治或其他情报的快捷传递者。但后来的历史却是电报和报纸成了共生关系，新闻记者开始广泛采用电报传递新闻。“电报报道”成了紧迫性和及时性新闻的标签，在今天的报纸上都能找到遗迹。

电报改变了记录历史的方式。例如，第一批英国电报中就有关于行李招领、零售交易、追捕罪犯和演示下象棋等案例。因此，电报为我们保留了大量的日常生活琐事。

电报进入中国，改变了中国人的思维。当李鸿章提出办电报时，官员反对声四起。在守旧思想下，老百姓也接连抵制。与电报同时代的电影，进入中国却非常顺利。1985 年以前，北京个人电报业务量最多时每月超 300 万份。2017 年 6 月，作为一个时代的终结，绵延了 59 年“东方红”钟声的北京电报大楼的营业厅关门了。

与所有老去的技术一样，住进“养老院”的电报，用户类型和使用目的已经完全变了，成了重要场合和精英们显示尊贵身份的象征。而通信技术的尊贵度，或者反向说是“鄙视链”，与其年龄成反比，与稀缺度成正比。

纸质信 ＞ 电报 ＞ 传真 ＞ 电话 ＞ 短信 ＞ 微信

图5.1　通信技术“鄙视链”

100 年后，你可能会看到这样的新闻：

“联合国秘书长又 x x 发送 E-mail，祝贺 T 当选美国总统”；

“x x 总理发短信祝贺奥运健儿取得佳绩”；

“x x 两国外交官，应约通了微信，就双方关心的问题交换了意见”；

……

当然从技术角度看，最有诚意的礼物应该是用龟壳或黏土做材料，篆刻上“新年大吉”，用兽皮包好，光膀子徒步送到府上。

电报是电力的第一个“杀手级”应用。

58 电话改变了世界

在电报主导的世界里，早期的电话被解释成“会说话的电报”。这就像后来，电视刚问世时被描述成“有图像的电话”，汽车刚发明时被描述成“无马马车”，都是为了方便大众推广和理解。

早期的电话就像玩具一样，无论是音质还是外形。“一根电线，两头挂一对得克萨斯的小牛角，摆弄几下会像牛犊子一样叫唤。”这就是 1875 年美国邮政部副部长愤怒指责侄子辞职到贝尔电话公司当总经理时的记录。

电话的发展，让市民可以住在郊区并与城市保持联系。电话交换机技术与打字机技术也加速了女性进入白领劳动力市场的进程。电话与电梯让摩天大楼成为可能，因为如果靠跑腿，仅每天出入高楼的海量信息，就能把摩天大楼的电梯装满了。

电话改变了证券交易模式，让电话委托交易兴起。美国 20 世纪 20 ~ 30 年代的经济危机，有人指责是因刚刚兴起的电话技术急剧放大了交易风险。当然，后来的信息技术也一直被当作金融危机爆发的主要原因，如 2008 年的金融危机是因为计算机技术的普及，2018 年年初的崩溃是因为 AI 算法的应用。

电话促进了电学等新科学和技术的发展。电报只有“通”和“断”两个状态，控制相对容易。而电话的状态更多，是连续信号，需要更强的电流和更精密的控制。因此，电气工程师们学会了测量电量、控制电磁波、反馈机制和控制单股电流等技术，带宽的概念也随之出现。

电话推进了网络组织技术的进步。早期的电话是成对出售的，是点到点（Point to Point，P2P）直接连接的，后来随着用户数量的增加，出现了中心交换机、电话号码、网络拓扑等概念。

数学家们用排队理论处理通话的拥挤问题，开发各种图来管理城市间的电话干线和支线。

初期的电话用户，对自己竟然被标记成一个数字号码感到非常愤怒，而电话工程师们也担心用户的记性，可能记不住 4 ~ 5 位的电话号码。电话号码目前最新的用途，可能是在互联网上表示一个人，因为互联网根本没有设计指向人的标识。

电话用户和号码的增多，进一步催生了电话黄页（目录系统）。电话黄页是人类历史上制作最广泛的列表和目录，繁荣时期伦敦的电话黄页有 4 卷，芝加哥的有 2600 页。后来互联网域名系统（Domain Name System，DNS）的设计，就带有一些电话黄页的特点。而雅虎赖以崛起的门户服务，就是电话黄页的互联网版，只可惜后来没能继续进化到搜索引擎版的电话黄页。

爱迪生发明留声机后，他认为的用途主要是可以将信件录到留声机的蜡卷上，做成“有声信件”，留待日后播放或通过邮政系统发给友人。而贝尔发明电话后，他认为的用途主要是，一个乐队或歌手坐在电话线一端，听众可以在家里“共享现场音乐”。

但后来的历史开了大玩笑，两位发明家完全弄反了：电话是用来交流的；留声机是用来听音乐的。他们俩的愿景被今天的互联网融合了：微信语音实现了“有声信件”；网络直播实现了“共享现场音乐”。

当时的商务人士认为，打电话显得不够正式，因为电话不像电报，可以留下持久的记录，今天商务人士的认识正好相反。

爱迪生和贝尔的愿景在今天的互联网上已经融合了：微信语音实现了“有声信件”，网络直播实现了“共享现场音乐”。

59 识别技术年龄

判断技术的年龄，与判断人类年龄的方法类似，一是看内心，二是看外表。

所有的技术都会呈现两个看似相反而又相辅相成的发展轨迹：内部组成日益复杂，外部使用日趋简单。换言之，技术发展的基本逻辑是“把沧桑留给自己，把方便让给用户”。

世界上第一台电子数字计算机是电子数字积分计算机（Electronic Numerical Intergrator And Computer，ENIAC），由大约 1.8 万个真空电子管组成，需要 10 个人操控，输入数据和程序是靠搬动硬开关和调整物理电路。显然，它的用户必须是专家，而且几乎每 15 分钟就可能烧掉一个真空管。

现在即使一部最普通的智能手机，内部也已经超过上亿条电路了，计算能力已超过了美国国家航空航天局在 1969 年登月时拥有的计算能力的总和。更重要的是，外部使用方式也已经从计算机的鼠标键盘和功能手机的电话按键，简化到多点触控了，用户动动手指头就能使用智能手机。

同样的事情也发生在操作系统领域。从文本方式和图形用户界面，用户使用方法大幅简化，但支持文本的 DOS 操作系统，代码量几个人就可以完成。而支持图形的 Windows，代码量超过了数千万行，需要一家庞大的公司来开发。现在，一个操作系统的复杂度几乎让一家巨型公司无法承受，业界只好通过开源的方式实现，而用户界面正在走向更加便利的智能语音。

在图形处理领域，早期修图主要靠 Photoshop，因为太专业，所以用户大多是专业人员。为了让更多人擅长修图，于是有了美图秀秀等 App，通过增加一个屏蔽层，简化了用户的使用。爱剪辑和抖音等应用，是美图秀秀在视频领域的翻版。

在安全领域，早期的计算机和互联网要求每个人都必须是计算机专家、软件专家和安全专家，这样个人才可能享受到更好的服务，保证自己的安全。于是后来就有了 360 公司等各类“一键杀毒”的安全软件，降低了安全和软件维护的复杂性。

这种现象不仅出现在计算机行业，各行各业都已出现。如视频拍摄领域，傻瓜相机和智能相机远比专业拍摄设备流行，只因操控简单。

所谓的技术进步，就是技术不断复杂化的过程。而一项技术要进一步发展和普及，就必须不断降低用户操控这项技术的复杂性，就要向用户屏蔽技术内部的专业性。而屏蔽本身也需要新技术的支持，这又进一步让内部技术变得更加复杂。

当然，用户在享受技术便利性的同时，代价是性能的下降和成本的增加，这在技术发展的中后期是完全可以接受的。

一个二流或三流的工程师，经过他的努力工作，就可以让技术不断变得复杂，在消灭了自己工作岗位的同时，其实也消灭了同行的工作岗位，甚至行业外的工作岗位。

技术会逐渐变得复杂，直到一个“大神级”工程师的出现。“大神级”工程师与普通工程师的核心区别，是他们创造的新的“简单”技术，为工程师们创造了新的工作岗位，而不是消灭了他们的工作岗位。例如，Linux 创始人林纳斯 • 托瓦兹（Linus Torvalds），Android 联合创始人安迪 • 鲁宾（Andy Rubin），以太坊的联合创始人维塔利克 · 布特林（Vitalik Buterin）等。

技术“内心复杂”和“外表单纯”的排列组合模式，与技术的年龄有关：少儿期的技术“内部复杂，使用也复杂”；青年时期的技术“内部非常复杂，使用明显简化”；中老年的技术“内部极其复杂，使用极其简单”。技术的内心和外貌变化趋势，可能与外貌变化正好相反。

技龄	内心	外貌
幼儿期	复杂	操控复杂
青春期	非常复杂	青春痘
中老年	极其复杂	光鲜亮丽

图5.2 技术的内心和外貌变化趋势

所以，也可以反过来应用这一现象，通过技术的内外追求，反推“技龄”是在幼儿期还是中老年。如果一项技术的创新主要体现在追求易用性，追求美学艺术，追求品牌，那么基本可以判断它已经是成熟技术了。如智能手机，以 2007 年出品的 iPhone 为代表，业界开始从追求手机的性能指标，转向追求手机的艺术性，我们可以看到刚刚过去的 10 多年，智能手机的创新几乎停滞了。

“大神级”工程师致力于为他人创造工作岗位，普通工程师致力于消灭自己的工作岗位。

60 幼儿期的技术

技术竞争，唯快不破。我们想要抓住风口，需要先识别风向，找到处在幼儿期的新兴技术。

因为受物理和生理等自然限制，我们不可能比别人跑得快太多。很多时候，成功者仅仅是因为比别人早出发了一个小时，或多坚持了一炷香的功夫。

那么，问题来了，我们到底什么时候出发？换一句话说，如何判断一个技术的“骨龄”，借我一双老辣的“慧眼”识别出那些幼儿期的技术，从而能够“早发现早投胎”？

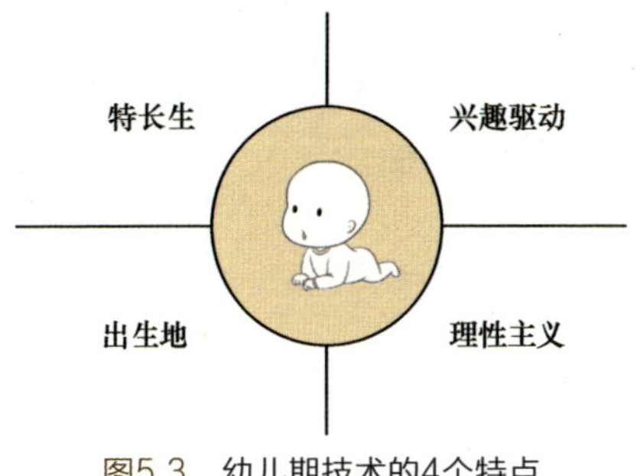

图5.3　幼儿期技术的4个特点

兴趣驱动

技术发展的初期主要靠少数极客的创新，驱动力只是因为好奇、好玩和感兴趣。没有明显的应用场景，没有明显的商业目的和价值，没有技术所有权的概念，因此也会淡化为知识产权的限制。典型案例包括 PC、TCP/IP、WWW、P2P、深度学习算法和区块链等。

理想主义

幼儿期的技术是理想主义者的乐园，经常会“占领”道德制高点，打着“分布”“对等”“开放”“分享”“保护隐私”“自由”等旗号，昭告天下只有团结在自己周围才有出路。

理想主义者的基本策略是诱惑加威胁：具有诱惑性的词语往往是“进步”“机遇”“革命”“突破”“下一代”“新时代”等；威胁性的词语则有“过时”“挑战”“失去”“颠覆”“抛弃”“失业”“老一代”“古典时代”等。10 多年来，从移动互联网、IoT、O2O、3D 打印、共享经济、VR/AR、云计算、大数据、AI 到区块链，一贯如此，只是在不同的时间点，一批新人用一张旧船票登上了技术的新船。

特长生

我们不能期望幼儿期的技术德智体全面发展，但必须有特长——在某个具体技术指标或应用场景方面表现突出，突出到能够解决用户痛点，让外人容易“量化”其优点。

相比之下，幼儿期技术在其他方面的问题，如可靠性、安全性差，价格高，缺乏标准和生态等，则无须多虑。

以幼儿期的互联网为例，其曾经主要擅长的 E-mail、FTP[22] 和 WWW，在 QoS[23]、安全、商业模式、IP 地址和产业应用等方面被诟病，但还是茁状成长，成了技术巨人。

22. FTP（File Transfer Protocol，文件传输协议），用于 Internet 上的控制文件的双向传输。

23. QoS（Quality of Service，服务质量）是网络的一种安全机制，用来解决网络延迟、阻塞等问题的一种技术。

出生地

新技术经常会出现在以下场景。

一是军事。一些国家愿意花高价，换取技术领先的优势。

二是奢侈品。一些富人愿意花高价，换取身份或便利。

三是娱乐。很多年轻人在不知柴米油盐贵的年龄段，愿意花小钱满足自己的刚需。新技术经常起于娱乐业，是因为娱乐对技术的可靠性、安全性和价格等不敏感，而早期技术在这些方面都差点火候，场景与技术二者完美匹配。

早期的互联网因为军事目的而建立。在互联网的商用初期，如果一个人的名片上印有 E-mail 地址或带有 .com，都是高贵身份的象征。20 年前，互联网被批评娱乐性太强，现在却已经发展到“产业互联网”了。现在，我们批评大数据侵犯个人隐私和区块链诈骗等，是不是多年后它们也会步入正轨？

新技术经常起于娱乐。

61

短命的小时代

要有一些重要的信仰或不同的价值观，才配称得上新时代。互联网是一个新时代，因为它有很多与工业时代、电信网完全不同的新理念。

过去的 10 年，全球有一种共同信仰和共同追求：人类要更长寿，技术要更短命。

这 10 年，以 Apple iPhone 和 Google Android 为代表，移动互联网的时代到来了。为了博眼球，早期甚至有人声称“移动互联网不是互联网”，当然现在又承认移动互联网还是互联网了。因为到了 2018 年，再说自己是做移动互联网的，都不好意思和人打招呼了。

从固定到移动，历史从来如此，但时机很重要。

这 10 年，IoT 的概念起了落，落了又起。IoT 场景终于有了专用的 NB-IoT 标准了，不是因为它更成熟了，而是回退到了窄带（Narrow Band）状态。IoT 应用现在也纷纷幻化成工业互联网、车联网和智能家居等。历史上，几乎所有的通信技术，电报、电话、无线、广播、互联网到移动互联网，都是从窄带发展到宽带的。但 10 年前的 IoT 产业，偏偏不区分宽带和窄带就大干快上了。现在，IoT 技术、标准和产业的战术性后撤，反而促进了整个行业的战略性前进。

从窄带到宽带，历史从来如此，但时机很重要。

这 10 年，业界推出了可穿戴概念。可穿戴设备可以说是 IoT 的一个分支，也可以说是移动互联网的一个变种。历史上，互联网的主流终端只有放在桌面上的 PC（Personal Computer，个人计算机）以及拿在手里的智能手机两大类，并且 PC 和智能手机的时间间隔近 30 年。而可穿戴设备是在智能手机流行才 5 年的时候，急急忙忙研发出来的。于是，可穿戴设备就成了智能手机的市场调查部，凡受市场欢迎的技术和应用，都成了智能手机碗里的新肉，成了智能手机与 App 的一部分。

从手机到可穿戴设备，历史从来如此，但时机很重要。

这 10 年，是云计算的时代。一切皆服务（X as a Service，XaaS），主动拥抱云计算的企业，从美国的亚马逊到中国的阿里云等，都已成长为巨头。无论是公共服务还是私有服务，封闭的还是开源的，上层的大数据还是下层的数据中心，日子过得都还不错。云计算将是一场超过 30 年跨度的行业巨变。

从产品到服务，历史从来如此，但时机很重要。

当然，这 10 年，还是 O2O 的时代。

当然，这 10 年，还是分享经济的时代。

当然，这 10 年，还是视频直播的时代。

当然，这 10 年，还是软件定义世界的时代。

当然，这 10 年，还是虚拟现实的时代。

当然，这 10 年，还是大数据的时代。

当然，这 10 年，还是开源的时代。

当然，这 10 年，还开启了“互联网 +”的时代。

当然，这 10 年，还开启了区块链的时代。

当然，这 10 年，还迎来了 AI 的又一春。

……

人是根据达尔文进化论演变的，技术是根据摩尔定律演变的。我们这代人在过去短短的 10 年里，已经经历了很多代的技术。面对新一代技术，我们只能努力追赶，才能留在原地，避免自己落后。

面对纷乱、短命的技术时代，相对“长寿”的我们，只好都把它们都归结为“小时代”。在这 10 年里，每年都会出现一种叫“下一代互联网”的技术，而且每次技术都不一样，认为它们是革命性的。但将来回望历史，它们最多只是信息时代的一个浪花，有的甚至连历史的注脚都算不上。

在过去的短短 10 年里，我们已经历了很多代的技术。

62

技术的天花板

现在我们只知道以深度学习为代表的 AI 可以做些什么，但不知道深度学习不能做什么。

这波 AI 热潮是由机器学习引发的。到 2018 年，机器学习的神经网络已具有数千到数百万个神经元和数百万个的连接。这样的复杂度相当于一只蠕虫的大脑，与有 1000 亿个神经元和 10000 亿个连接的人类大脑，相差了多个数量级。神经网络下围棋的能力已远高于一只蠕虫，但对蠕虫所具有的繁衍、捕食和躲避天敌等技能，还望尘莫及。

现在，业界只知道深度学习在图像处理和语音识别等方面表现出色，未来在其他领域也可能有潜在的应用价值，但深度学习究竟做不了什么仍然不清楚。深度学习还需要更安全、更透明和更可解释。

在算法方面

一是深度学习还是个黑盒子，缺乏理论指导，对神经网络内部涌现出的所谓“智能”还不能做出合理的解释。

二是事先无法预知学习的效果。为了增强训练的效果，除了不断增加网络深度和节点数量，补充更多数据和增强算力，然后反复调整参数基本就没有其他方法了。

三是调参还是在碰运气。还没有总结出一套系统经验做指导，完全依赖个人经验，甚至靠运气。

四是通用性仍有待提高，没有记忆能力。目前几乎所有的机器学习系统被训练用于执行单一任务，无之前任务的记忆。

在计算方面

目前的机器学习基本还是蛮力计算，是吞噬算力的巨兽：一是在线实时训练几乎不可能，只能离线进行；二是虽然 GPU 等并行式计算硬件取得了巨大进步，但算力仍然是性能的限制性瓶颈；三是能够大幅提高算力的硅芯片已逼近物理和经济成本的极限，摩尔定律即将失效，计算性能的增长曲线变得不可预测。

在数据方面

一是数据的透明度。虽然深度学习方法是公开透明的，但训练用的数据集往往是不透明的，在利益方的诱导下容易出现“数据改变信仰”的情况。

二是数据攻击。输入数据时的细微抖动有可能导致算法失效，如果发起对抗性样本攻击，结果就南辕北辙了。

三是监督学习。深度学习需要海量的大数据，需要打上标签做监督学习，而对实时、海量的大数据打上标签几乎是不可能的。

在融合方面

目前，AI 取得的进步属于一个技术分支，缺乏常识，因此在对智能的认知方面，缺乏分析因果关系的逻辑推理能力等。例如，无法理解实体的概念，无法识别关键影响因素，不会直接学习知识，不善于解决复杂的数学运算问题，缺乏伦理道德等方面的常识等。

这轮 AI 技术的爆发，得益于大数据用于机器学习，GPU 用于深度学习训练，机器学习变深度学习算法。这依靠的是“新数据的新应用”“老硬件的新用途”和“老算法的新改进”，算法更加复杂，需要消耗的资源大幅上升，不像一次技术革命，更像一次技术改良。

突破 AI 技术的天花板，还需要更加具有突破性的新算法，甚至借助量子计算的力量。

要清楚 AI 能做什么，更要清楚 AI 不能做什么。

63
回到比特的原初定义

1687 年，艾萨克・牛顿（Isaac Newton）出版了《自然科学之数学原理》一书，万物的世界从此有了规律，物理学诞生。1948 年，克劳德・香农（Clande Shannon）发表了《通信的数学理论》一文，信息的世界从此有了规律，信息学诞生。

香农就是信息通信业的牛顿。

香农的信息论定义了信息的基本度量衡：比特。如今，比特已经和米、克、秒等成为数字社会中最基本的量纲。

香农信息论中对比特的定义，强调了技术，排除了意义。这意味着，比特只代表信息，是去语义的，是去目的的，是去价值的。

世间万物，都是人的意识赋予的意义。即使没有人类，万物依然存在。世间比特，都是人的意识赋予的意义，赋予的价值。虽然人类发明了比特，但如果没有人类，比特依然是鲜活的。

为比特赋予意义，于是就有了人工智能；为比特赋予价值，于是就有了区块链。当然，价值本身就是一种“意义”。为比特“赋值”一直就有，AI 和区块链只是又一新高度。

但比特只是信息的基本计量定位，不是智能的基本度量单位，也不是价值的基本度量单位。

人类对“智能”的理解还很原始，还没有找到统一的基本计量单位。当然，如果你非要把 IQ 当作衡量一个人智力的基本计量单位，那说明你的 IQ 可能存在问题。

在物理世界，人类对“价值”的理解更深刻。货币是人类目前发明的、广泛流行的基本计量单位。当然，如果你非要用货币来衡量万物的价值，那说明不仅你的 IQ 可能有问题，价值观也可能存在问题。

从物理学的角度看，信息和生命一样，都是负熵，都会演进。

过去，数据的本质是信息，是由人来赋予意义的。现在，人类被信息的海洋淹没了，难以找到意义的彼岸，只能让机器帮助人类去发现意义，于是大数据和 AI 流行开来。大数据和 AI，就是人类从数据通往意义的一条天路。

过去，数据的本质是信息，核心是交换。现在，资产变成了数据，数据也就变成了资产，核心是保护。从信息到资产，从交换到保护，于是就有了区块链。

从比特到 AI 的演进，业界已努力了 60 多年，当下的典型代表是神经网络。从比特到货币的演进，业界也已努力了 10 多年，当下的典型代表是比特币。

从比特到 AI，从比特到区块链，依靠的还是复杂的数学技巧和强大的计算能力，还没有找到合适的数学原理，定义出新的度量衡。

为比特赋予意义，于是有了人工智能；为比特赋予价值，于是有了区块链。

64 干活多的说了算

“幸福是奋斗出来的”。在网络世界，信仰奋斗精神的技术，也会多劳多得。

一个网络系统可以大致分为网络和终端两个部分。在这个复杂的系统中，有些工作只能由网络来完成（如传输和转发信息），有些工作只能由终端来完成（如输入和展示信息）。因此，无论计算机网络还是通信系统，网络和终端都可完成这些规定动作。

还有很多工作，网络和终端也可以独立做，或者二者配合来做。如流量控制和纠错，可以是基于网络的“段到段”的，也可以是基于终端的“端到端”的，还可以是二者配合完成的。

对于二者都可以做的那些工作，必须遵守以下原则：一是不能漏干；二是不能冲突着干；三是最好别重复干。因此，当面对一项具体的工作时，应该交给网络还是交给终端，让网络多干点还是让终端多干点，在设计任务分配和协调机制时，首先需要拥有共同的信仰。

20 世纪 60 年代之前，一些来自电报部落和其他未知部落的人们，在设计电信网时，相信网络应该多干活，终端应该尽可能地少干活，即出现了“智能网络傻终端”的模型。成功后，后世称它们为“网络运营商”。

20世界70年代之后，一些来自计算机部落的人们，在设计互联网时，完全背弃了网络先民们的“祖训”，开始相信终端（即计算机）应该尽可能地多干活，网络应该尽可能地少干活，即出现了“智能终端傻网络”模型。成功后，后世称它们为“互联网内容服务商（ICP）”，随着智能手机的兴起它们又增加了一种叫“智能手机商”的角色。

21世纪以后，一些来自“古典”互联网部落的人们，在设计云计算时，继承、发展了“智能终端傻网络”模型，把互联网终端进一步细分为用户侧和服务侧，并且相信用户侧应该尽可能少干活，服务侧应该尽可能多干活。这个模型目前还没有名字，但已经称它们为“云服务商”了。

<table>
<tr><th rowspan="2">时代</th><th colspan="3">信仰（谁应该多干活）</th><th rowspan="2">兴衰</th></tr>
<tr><th>网络</th><th colspan="2">终端</th></tr>
<tr><td>20世纪60年代</td><td>多</td><td colspan="2">少</td><td>↑网络运营商
↓电报、电话机等</td></tr>
<tr><td>20世纪70年代到21世纪</td><td>少</td><td colspan="2">多</td><td>↑互联网公司
↑智能手机商
↓网络运营商</td></tr>
<tr><td>21世纪初</td><td>少</td><td>用户端少</td><td>云端多</td><td>↑数据中心、云、大数据和AI
↓智能手机
→网络</td></tr>
</table>

图5.4 网络的多劳多得

一个技术的“得到”，同时也意味着有些技术（相对）将要失去。20多年来，干活最多的是互联网服务商，干活相对较少的是网络运营商。前者的兴起直接抑制了后者的发展，让后者成了比特管道，智能手机的兴起又加重了不利于后者的境遇。

现在，干活正在增加的是云服务商，干活正在减少的是用户终端。智能开始从用户手中飘过网络，大规模迁移到云端。云计算及其同盟军，包括数据中心、大数据、区块链、AI等运营者，将会是最大的受益者。相对没落的可能是智能手机厂商，只是担当云计算的I/O功能。而早已没落的网络运营商，应该不会受到二次伤害，因为它们早已是看客了。

复杂性在哪里，创新就在哪里，人才就在哪里，机会就在哪里，投资和创业也应该在哪里。现在，云端正当时。

智能开始从用户手中飘过网络，大规模迁移到云端。

65
教育也是信息业

教育是在一个叫“学校”的数据中心里，一位叫“教师”的管理员在发送端，根据一份“教育制度”的协议族，把许多“教学内容”的载荷，点到多点地广播给许多“学生”的接收端。

学校把学生分成一个个叫“班级”的组，开始连续广播一个时段（如一个学期）后，管理员会测试接收端的误码率。只要一个终端的误码率低于40%就及格了；如果一个终端的误码率高于40%一般会降低测试难度再进行测试（如补考）；即使一个天才型的终端误码率低到10%以下，一般也不能加快发送的速度，可能会让其处于空载的状态，等待其与其他终端同步后，才能启动新一轮的发送和接收。

如果把教育看作信息产业，二者的核心区别是，前者是碳基的，后者是硅基的，由此产生了存储和记忆、计算和智商、通信和注意力等的差异。

记忆（存储）能力

人的生物特征决定了“忘记是常态，记住是例外”，因此“好记性”就成了聪明人的典型特征。就像在计算机系统的设计中，能够以计算换存储和以存储换计算一样，一个人的存储能力与计算能力也可以互换。

为了弥补人类大脑内存太小的缺点，人类发明了文字、纸张、书籍、留声机、录像机、硬盘、光盘等，作为人类大脑的外部存储设备，记录了历史、文学、科学等。这些技术都是为了帮助大脑还原“忘却的记忆”。

而计算机则相反，存储是常态，记忆不会出错，一旦写入就不会忘记。最近 50 年，人类大脑的记忆能力非常稳定，而计算机的记忆能力已经提升了千万倍。

计算能力

根据心理学家的研究，人脑思考有两种模式：快与慢。

常用的无计算（无意识）的“快系统”依赖情感、记忆和经验迅速做出判断，对眼前的情况做出反应。但它固守“眼见为实”的原则，依靠的是人类数百万年前，在非洲草原上为了生存而演进出的经验。

有意识的“慢系统”通过调动计算资源分析和解决问题做出决定。它不容易出错，但非常耗费大脑资源，既慢又不容易被启动运行。

研究表明，为了节省资源，人类 90% 以上的决策是依靠容易出错的“快系统”。一个人智商的高低、计算能力的强弱，也主要体现在“慢系统”是否会被启动、运行效果如何上。

人的常识和经验更多，计算机的算力更强。因此，人脑更擅长“快系统”，计算机更擅长“慢系统”。

通信能力

注意力是人与人通信时建立的连接。

计算机之间的通信可以是并行的，7×24 小时，永远在线。而人的注意力连接，本该单线程的工作却经常胡思乱想，并且是短暂在线的。

一个 1 岁孩子连续集中注意力的时间约 15 秒，小学生约 40 分钟，中学生约 50 分钟（课堂安排 45 分钟就是这个道理）。即使是成人，如果完成一项枯燥的任务，最多能维持 20 分钟。

另外，人受教育时的注意力连接不仅是短暂的，而且是窄带的。当大量信息通过眼睛和耳朵等输入时，大脑会自动过滤信息、控制流量和安排优先级，只让少量关键信息进入大脑，以免思维拥塞。

听课时人的注意力是单线程的、短暂的和窄带的，计算机则是并行处理的、在线的和宽带的。

碳基的特殊性

碳基生物的人，在受教育能力方面也存在巨大的个体差异：有的学生存储能力强，擅长背诵，典型代表为文科好的学生；有的学生计算能力强，逻辑性强，类似计算机执行算法，典型代表为理科好的学生。但无论是存储能力强的还是计算能力强的学生，他们的共同特征都是注意力高度集中，即通信能力很强。

学校教育经常是一对多的拓扑结构，单向传递，一般不关心接受端计算、存储和通信能力的个体差异。互联网实现了计算机的双向通信，具有复杂的流量控制和避免拥塞机制，以避免发端和收端能力的不匹配。

虽然人类的计算、存储和通信能力，各项都无法和计算机相比，但综合三者后产生的创造力和自我意识等，是计算机和 AI 还不具备的。

长周期

与计算机相比，碳基的人类在学习时存储空间小、计算速度慢、通信带宽窄，导致每个学生专门受教育的时间都很长。即使接受基础教育，也需要 9 年的时间。

如果把人类碳基的大脑换成硅基的，9 年义务教育的内容在 1 秒内就能全部写入大脑了，整个教育行业就直接消失了。

100 多年前的制度

以大学为代表的现代教育体系，是在 100 多年前工业革命繁荣时期逐步发展完善起来的。100 多年后，人类社会已经来到信息时代，就业去向早已转向，在写字楼工作的人数已经超过蓝领工人。互联网无处不在，大量记忆知识的能力已经不再那么重要。现代企业呼唤的是创新型人才，需要系统知识，而不是要求每个员工都像机器一样工作。

工业时代的教育体系，已经无法适应数字社会的发展。

教育如果让一个人失去了想象力、创造力和判断力，那人就真的连机器都不如了。

66

“四驱”的汽车革命

欧洲人发明了包交换技术和 WWW，美国人使其商业化的标志是互联网和图形化用户界面的浏览器。同样，欧洲人发明的汽车，也是美国人使其商业化的，标志就是福特的“T”型车流水线。

所谓商业化，是让高级的产品或技术，从少数人的奢侈品“沦落”成大众化的商品。实现大众化需要降低使用的技术门槛和购买的资金门槛，办法一般是流水线、标准化、规模化等。

自福特流水线生产大约 50 年后，丰田认为大规模生产的方式仍有改进的余地，可以减少浪费，还需要进一步适应市场的需求。丰田模式主张将生产过程中的每个环节联系起来，组成一个完整体系，消除一切浪费，争取服务质量（QoS）保证。

此后的汽车业一直只是微创新，没有颠覆性事件发生，也就只好从拼技术转向了拼历史、品牌、设计和舒适度等抽象概念。

现在每年全球生产的汽车，1/4 来自中国。任何一个技术或产业，如果发展中国家都能够掌握和生产，以低价生产和销售的时候，高科技就变成中低科技，成了大众商品。

然而目前，四股巨大的力量正在颠覆全球汽车业。

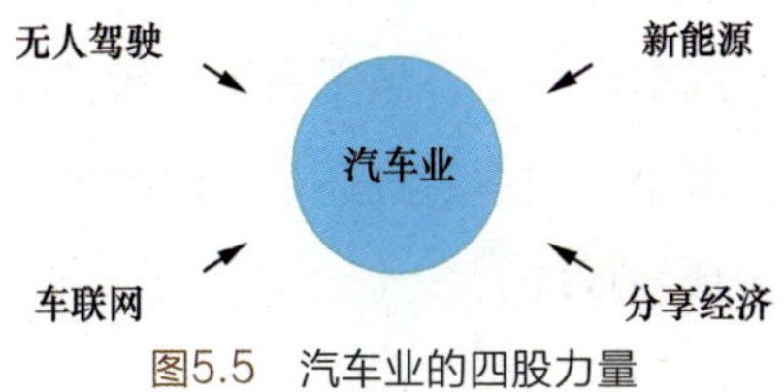

图5.5　汽车业的四股力量

一是新能源。历史上，汽车业曾经在蒸汽机、电力和汽油之间做过选择，最后阴差阳错选择了当初感觉最不可能的汽油。现在，由于全球性化石燃料带来的污染等，汽车动力的历史正在轮回到电力。

改变技术易，改变人难。电动汽车没有巨大的引擎声，会带来安全隐患。欧盟正在立法，从 2019 年 7 月 1 日起，强制汽车生产商为电动车加装模拟引擎声音的系统，以提醒其他道路使用者。

二是分享经济。之前是分享互联网线上的内容，如博客、BBS 和开源等，但“有分享没经济”；线下的实体也分享，如宾馆、餐厅和道路等公共服务，但分享的不够多，且分享的技术和经济门槛太高，属于“有经济没分享”。

分享经济就是把原来互联网的数字内容，分享并扩展到了线下。分享经济是分享原来线下的物理资源，进一步提升了深度和广度。据统计，自行车和私家车 90% 以上的时间是闲置的，于是出行领域的分享经济兴起了。

三是无人驾驶。即使汽车诞生前，车也不一定是马拉的，如黄包人力车。汽车诞生后，虽然引擎取代了马开始拉车，但无论是从车体、车轮、刹车系统还是方向盘等，都还沿用马车的，后来二者才越走越远。

更有意思的是，观察汽车的发展，其被迫与马车行驶在相同的道路上，严格地说，是行驶在为马车设计的道路上。今天关于自动驾驶可能产生的问题，和当年马车与汽车的问题争论几乎是一样的，只是把马换成了人。从这个角度上说，解决自动驾驶问题的思路需要换个维度，应该从车辆转向道路。

马车和汽车混合运行，吃亏的必然是汽车。因此，人们建设了高速公路，其核心目的是适应汽车产业的发展，背后的目的是不让汽车与马车混在一起行驶。

马奔跑的平均时速约 20 千米 / 小时，最快时速 60 千米 / 小时。高速公路最低时速为 60 千米 / 小时是为了限制马车上路，因为任何马车都无法达到这个速度，这无形中剥夺了马车上高速公路的权力。

同样，未来需要面向无人车，设计“超级高速公路”，将无人车和有人驾驶的汽车分离，要求最低时速为500千米/小时。

四是智能网联汽车。今天的汽车还是“铁疙瘩”，是物理设备，用的是卖硬件搭售软件的商业模式，类似于20世纪60～70年代计算机行业的模式。不过信息业卖硬件的时代早已过去了，卖软件的时代也正在过去，现在是“软件即服务”的时代。

图5.6 未来之路

显然，下一步也将会是“软件定义汽车”，商业模式从卖硬件，如卖发动机和轮胎等，转向关注软件和控制系统。未来，吉利组装的汽车，采用的是宝马的操作系统，宝马的车头安奔驰的标，也不是不可能的。

新能源、分享经济、无人驾驶和车联网，这四股力量，一个比一个厉害。未来，无论哪条路径取得成功，汽车业都必将迎来一轮革命。

 **今天汽车业的商业模式，正在从卖硬件转向卖软件。**

67 重新定义道路

20 世纪 30 年代，汽车重新定义了车辆，重新定义了道路，出现了汽车专用的高速公路。未来，当无人车重新定义车辆时，也需要重新定义道路，发明无人车专用的“超高速公路”。

首先来看看“路史”。

图5.7 古老的汽车

矿井是马车最初的应用场景之一。随着马车来回碾压，泥泞的矿洞中就出现了两条深深的车辙。为了提高效率，人们铺上了轨道，使马车走起来更加平稳、快捷，这就是铁轨的雏形。

马拉列车，马拉出租车，马拉邮政车，马拉公交车，马的宽度决定了铁轨的宽度，这是技术延续性的表现。

汽车诞生之初，直接去掉了马匹，把发动机安装在马车上。然而，为了不吓到路人，还需要在车前安装假马头。今天，纯电动车需制造出发动机的噪声，数码相机拍照时必须有咔嚓声，删除计算机文件会有个垃圾箱的图标，这都是为了照顾用户体验。

随着技术的发展，汽车逐步替换了传统马车用的车轮、方向盘和刹车等装置，并引入了安全带、风挡玻璃和新的交通规则等，距离其原型越来越远了。

当越来越多的人、马车和汽车混杂出现在相同的道路上，速度、安全和便利性等问题开始突显，于是专为汽车行驶的高速公路诞生了。汽车专用“高速公路”的诞生原因是马车太慢，于是这种马路上不能跑马车了。

回顾历史，今天围绕无人车所讨论的安全、规则等问题，百年前大多出现过。无人车和汽车，汽车和无人车，历史没有重复，但再次押韵。

抛开人类中心论的视角，单从计算机和人工智能的角度看，人类驾驶员是那样落后：大脑的算法不统一，无法互联互通，而且算法经常不稳定，会毫无征兆地进入待机状态，时速超过200千米/小时时，大脑的反应速度太慢，容易受情绪的困扰等。

总之，人类当驾驶员的问题太多。统计数据表明，超过90%的交通事故是人为造成的。

让人类驾驶的汽车与无人车混合行驶在相同的道路上，遵守相同的交通规则，就像100年前，让马车夫驾驶的马车与人类驾驶的汽车混合行驶在相同的道路上，遵守相同的交通规则一样。

司机就是汽车夫。为无人车重新定义道路、重新制定交通规则会成为必然。未来，不让人类驾驶的“马车”进入超级高速公路，也是可以预想的。

随着汽车从奢侈品变成大众交通工具，马车就从大众交通工具变成了奢侈品。过去，马车夫是控制协议，人是载荷；在今天，人类司机是控制协议，马是载荷；而在未来无人车的时代，AI是司机，人和马都是载荷。

未来，专门为无人驾驶铺设的超级高速公路一定会出现。

68
未来的工种

过去，每出现一次重大技术，总有一些专家或者研究者会言之凿凿地声称“该技术会消灭人类的工作甚至人类”，这种言论不断。

共享出行兴起时，有人说专车消灭了大量的工作岗位，如出租车司机。

电子商务崛起时，有人说电商消灭了大量工作岗位，如大型卖场的销售员。

互联网兴起后，有人说互联网会消灭大量工作岗位，如卖光盘的人等。

计算机兴起时，有人说 PC 消灭了大量工作岗位，如打字员。

自动取款机（ATM）兴起时，有人说 ATM 消灭了大量工作岗位，如柜员。

电话兴起时，有人说电话消灭了大量工作岗位，如送电报的人。

汽车兴起时，有人说汽车消灭了大量工作岗位，如马车夫。

电报兴起时，有人说电报消灭了大量工作岗位，如驿站的邮差。

蒸汽机兴起时，有人说蒸汽机消灭了大量工作岗位，如纺织工人。

……

世界本来就是一个生态系统，有兴必有衰。人类兴起时还消灭了很多生物的“工作岗位”，动物兴起时消灭了很多植物的“工作岗位”，植物兴起时释放的大量氧气让很多史前的厌氧生物灭绝。

AI 正在兴起，有人说 AI 会取代人类的工作甚至控制人类。

例如，有人会用的大数据先给你画个像：受过良好教育，25 ~ 45 岁，喜欢自主学习，有较强的好奇心，喜欢新生事物，但对 AI 技术一知半解。

他们自认为更有发言权，这是因为：一是 AI 圈的专家有利益在其中不够中立；二是 AI 圈的工程师的视野不够，没能去关注和思考更宏大的人类议题。

根据物理学家朱利奥·博卡莱蒂（Giulio Boccaletti）的计算，现在全球每年消耗约 100 亿焦耳的能源，用于为 30 亿名体力劳动者提供能源。如果按每人每天饮食需要 2000 卡路里计算，平均每人大约需要 50 个“能源劳动力”来支撑。也就是说，相当于全球实际上有 1500 亿名体力劳动者，而其中 98% 是隐形的“能量机器人”。

AI 不仅是计算密集型的，还是劳动密集型的。AI 不仅是深度学习、GPU 和开源社区等，还需要新时代的“数据民工”。

现在训练机器学习的技术，需要人工标记图片、音频和视频等。全球最大的图像识别数据库之一 ImageNet，是来自 167 个国家的近 5 万人用了 3 年时间，标记了 1500 万张而成的。媒体报道，2014 年全球大约有 80000 亿张照片，到 2017 年，其数量大约是 2014 年的 6 倍，2018 年全球每天约产生 18 亿张手机图片。

于是，专门从事数据标记的数据工厂诞生了。媒体曾经报道一家专业的数据加工平台，旗下有 12 家数据工厂及 2000 余名数据操作员，负责数据的采集、清洗、标记等产品化服务。百度众包平台曾经号称有 10000 多名外场数据采集员，5000 多名在线数据标注人员。

AI 催生了大量的“数据民工”，就像电子商务催生了快递员。

之所以为旧岗位的即将消失感到恐惧，是因为不善于预测未来的新工作。之所以怀念传统工作岗位，是因为新岗位大多属于年轻人，而做预测的人工作在传统岗位上。

AI 也是劳动密集型的，需要海量的“数据民工”。

69 程序员文化

“深夜还在街上走的，不是小偷就是程序员。”

“世界上最远的距离不是生与死，而是你亲手找的 BUG 就在眼前，你却怎么都找不到它。”

“这个路口的红绿灯什么时候删除了？”

在所有工种中，有关程序员的笑话是最多的。在所有行业中，严谨的编程工作，其文化却是最自由的。

1945 年，被后人称为“信息时代教父”的范内瓦・布什（Vannevar Bush），发表了《诚如所思》的文章，提出了协助人类思考及管理信息而设计的 Memex，影响了后来计算机几十年的发展。他是模拟计算机时代的开创者，“信息论之父”克劳德・香农的导师，“硅谷之父”弗雷德里克・特曼（Frederick Terman）的导师，是曼哈顿计划的领导者。

范内瓦・布什的构想是，用计算机辅助人类思考。因此，为这台机器编写控制代码的程序员们，就必须学会像机器一样思考。计算机和之后的互联网服务于这个世界，但程序员服务于计算机。

程序员同时生活在两个世界，一个是现实世界，另一个是虚拟世界；前者没有符号定义，没有明确程序，有问题也可以运行，但结果经常无法预期和重复，没有固定统一的评估标准；后者则任务定义明确，不允许有任何问题，结果可预期、可重复，对错很明显。

程序员与普通人的世界就隔着这个控制世界的计算机系统。程序员需要具有超常规的思维，同时应对“人格”与“机格”分裂的问题。

程序员长期处于程序式固定思维模式与工作环境下，逐步形成了一些固有的行为方式。这种工作中产生的行为方式，会外溢到日常生活中，形成独特的程序员文化。

在严谨的编程工作中，需要创新性地解决问题和打造宽松的环境来对冲。因此，软件业引入了叛逆文化，但在狂放的精神下有一颗严谨的心。软件业的这种文化起源于美国 20 世纪 60 年代的嬉皮士文化——程序员就是采猎社会的猎人、农业社会的农民、工业社会的工人，他们是时代先进生产力的代表。生活在工业时代的程序员，正在用勤劳的双手编写代码，构建人类未来数字社会的高楼大厦。

程序员行业独特的亚文化，是未来文明的雏形，还是情商不高的表现？是他们太机器化思维了，还是我们太原始了？是他们退化成了“猿”类，还是我们才是历史遗留的“巫师”？

不是程序员的世界太严谨，而是我们的这个世界问题太多。

70 数字时代的管理制度

30 多年来，以 PC、手机和互联网为代表的信息技术，极大地提高了生产力；30 多年来，全球的生产关系，尤其是欧美国家的几乎没有变化。

飞速变化的生产力，不变的生产关系，让全球陷入了深深的焦虑之中，尤其是最近 10 年。

如果说"现代"企业管理制度不适应互联网时代，恐怕没有人会否认。加里·哈默尔(Gary Hamel)在《管理的未来》一书中说，现代管理宣扬的是 19 世纪发明的管理哲学，采用的是 20 世纪中期的管理流程，应用的是 21 世纪的新技术。

1890 年，美国企业平均只有 4 个员工。随着美国经济的繁荣，企业规模急剧膨胀，如何管理数百甚至上千人的企业成了重大挑战，现代企业管理制度由此诞生。

管理学家泰勒以及追随者们相信，根据实证和数据的方法设计工作，可以大大提高生产率。简单而言，泰勒管理的核心思想是效率优先，把人看作机器，典型架构是层级制度，向下传递的是指挥和控制。

GE、杜邦、福特等公司都花费了几十年的时间来充分实施工业时代必需的管理规则。1890—1958 年，美国制造业每人每小时的产出量提高了 5 倍。

现代企业管理制度在促进规范运营的同时，降低了组织的适应能力，管理的“工业化”抑制了员工的创造力，每个员工都像标准化的工厂零件。

建立现代管理制度的基本假设，一是外部的市场环境变化不是很快，二是内部对创新的需求不是很强烈。

今天，随着全球工业品产能过剩，以及互联网打通了消费者彼此之间的联系，市场的主动权从生产商转移给了消费者。世界正在加速变化，企业最核心的竞争力，正在从传统的追求效率，转向如何敏捷地适应市场变化和创新。

无论是 K.K 所说的“蜂群式自组织”，哈默尔所说的“未来管理”，吉姆•怀特赫斯（Jim Whitehurst）所说的“开放性组织”，还是马化腾所说的“生物型”组织，或者所谓的“海尔模式”，都在努力回答一个问题——互联网时代的管理模式该如何做?

这些管理方面的努力，具有以下一些共同特点：

- 去中心，权力下放，领导只是啦啦队队长；
- 自组织，员工参与度，透明度，分享，社区化；
- 早发布成果，勤发布成果，速战速决；

• 结果导向，重要的不是你打算做什么，而是已经做了什么；

• 以用户为中心，粉丝参与，尽量缩小与用户的距离；

• 精英制度，吸引力和影响力是领导力的产物，不是权力指派的结果；

• 热情驱动而不是薪水驱动；

……

换言之，彼得·德鲁克和泰勒等人倡导的现代企业管理制度，是在 100 多年里逐步发展成熟的，是基于当时的信息技术条件和市场环境，为大型工业企业设计的，以追求运营的规范性、让商业更有效率为核心目标。同时，也是以牺牲市场适应性和创新力为代价，大型企业尤其严重。

互联网改变了一切。市场的主动权从企业转向了消费者，企业适应市场的能力和创新能力，所谓的"快速迭代"成了更具优先级的竞争力。这不仅使企业的边界发生剧烈变化（如 Uber），企业内部的科层式管理运行形式也在快速演进。

已持续 30 多年的企业信息化浪潮，是以假设现有企业管理制度和运营流程等不变为前提的，是管理和运营的信息化、数字化和网络化。接下来在大数据和 AI 时代，企业要建立数据思维，以数据为中心重构企业的运营体系和管理流程。

现代企业管理制度的两个基本假设都有些过时了，一是外部的市场环境变化不是很快，二是内部对创新的需求不是很强烈。

71
谁在主导网络经济

主导工业经济的是规模效应，关注的重点是企业，产品成本随生产规模的扩大而下降。主导网络经济的是网络效应，关注的重点是用户，产品价值随用户规模的扩大而提高。

规模效应指企业在生产规模扩大后，单位产品成本就会下降，企业利润率就会上升。福特的流水线生产、丰田的精益生产、彼得·德鲁克的企业管理学，以及各种标准化、全球化、自由贸易、跨国公司和反垄断法等，都是规模效应的产物。

但随着企业规模的持续扩张，企业自身变得臃肿，信息传递变缓甚至失真，“反向规模效应”开始显现：成本随规模扩大不降反升。

因为规模效应，诞生了很多全球性的“巨无霸”企业，如GE、西门子、波音等。也因为反向规模效应，即使大名鼎鼎的跨国工业巨头，其在全球市场的占有率也很难超过10%。

因此在工业经济时代，巨头会因规模效应出现，因反向规模效应而无法实现赢家通吃。但在数字经济时代，巨头也会因规模效应出现，但反向规模效应有可能会被网络效应抵消，巨头也就容易发展成超级巨头，在全球范围内实现赢家通吃。

图5.8　网络经济

网络效应指某种产品（或服务）对每位用户的价值，取决于使用该产品的用户数量。网络效应在电话、传真、电子邮件、信用卡、社交网络和比特币等服务中广泛存在。因为这类产品存在用户彼此互联的刚需，人们生产和使用这类产品就是为了更好地收集和交流信息。

如电话服务，电话网络只有一个用户的价值是零，拥有两个用户就可以彼此联系，三个用户就可以两两联系了（两条连接），四个用户就可以有六条连接了，N 个人就可以 $N\times(N-1)/2$ 条连接了。

世界上本无货币，相信的人多了，就成了货币。据 2017 年的一项估计，比特币活跃钱包数为 290 万～580 万，持有者约 1000 万人，而这些数字在 2009 年之前都还是零。货币、股票、古玩、房子甚至薪资待遇等所有物品和服务的价值，都是外部赋予的，取决于他人而不是自己的价值观，比特币也一样。

但如何量化网络效应的价值呢？梅特卡夫定律说，网络的价值与用户数的平方成正比。里得定律说，大型网络尤其是社交网络的价值与网络用户数的指数成正比。贝克斯通定律说，一个网络的价值取决于其所有用户交易价值的总和。对于如何量化网络效应的价值，还有很多定律，你喜欢哪个，就选用哪个。

现代信息业主要由硬件、软件和服务业组成。计算机硬件的制造更像是传统工业品，受益于规模效应而受限于反向规模效应，因此行业会出现巨头但难以赢家通吃。如惠普、康柏、戴尔、宏碁和联想等计算机巨头，都曾经割据一方。

软件与硬件业不同，企业研发第一个 Copy 的成本非常高，但从第二个 Copy 开始成本就接近于零了，而不是像硬件那样缓慢下降的，因此可以说软件是“极限版”的规模效应。所谓极限版，指产品的生产成本从第二个开始都趋于零。

与此同时，软件用户为了兼容性和保持已有的使用习惯等，已经出现了明显的“网络效应”。

如微软公司，以 Windows 操作系统和 Office 办公软件为核心，构建了由众多应用软件开发者、硬件厂家、安全企业、销售代理、维护工程师、出版商和培训机构等组成的庞大生态网络。到后来亿万名用户和开发者选择微软的产品，核心原因已不是产品本身，而是网络效应，因为其他用户也在使用微软的产品。

极限版的规模效应与网络效应的叠加，使软件业赢家通吃的现象非常多，如微软、甲骨文公司等几乎一直垄断着操作系统和数据库市场。

软件业发展到以App和云计算为代表的互联网应用时代，软件不再是单机的和本地的，而是网络化和移动化的了。用户可以通过论坛、即时通信和社交网络等直接建立联系，依托互联网和该应用，用户之间形成了分布式对等网络。

如果说传统软件产品的网络效应还是离线版，虽然还很弱，但有总比没有强。那么 App 和云计算应用的网络效应就是在线版的，用户之间直接建立了强连接。

互联网应用符合“极限版”的规模效应，又有在线版网络效应的全面加持，使App和云服务市场赢家通吃的现象急剧增多，如2017年亚马逊AWS的云计算收入，独占全球市场份额的54.1%。

有一段时间，一些互联网巨头希望把互联网的免费模式引入到智能硬件，如智能手环和智能家居，现在却都不再有这种做法。那是因为硬件的规模效应与软件完全不同，其边际成本不是零，而“免费”的基本条件是边际成本趋于零，必须满足“极限版”的规模效应。

网络效应也被传统经济学称为边际效应递增。虽然说的是一件事情，但角度正好相反。边际效应递减以企业为核心的工业思维方式，而网络效应是以用户为核心的互联网思维方式。同样一件事情，描述的角度不同，反映的是不同心态：一个是优先考虑企业，一个是优先考虑用户。

开放平台、开放API、开放数据和开放源代码，召开用户伙伴大会，免费试用和使用，快速迭代，通过资本加杠杆和构建生态系统等，这背后都是网络效应在起作用。

“极限版”的规模效应与在线版的网络效应叠加，让软件业本已存在的赢家通吃现象急剧增多。

72 不合脚的鞋

迎接新的技术变革，往往需要新姿势。全球数字经济的时代已经到来，但数字经济奔跑的新脚，仍穿着工业经济的“旧鞋”。

经济的发展是由生产力和生产关系的合力决定的。

工业革命时期，蒸汽机、电报、铁路、汽车、电力等技术，是驱动工业经济发展的核心引擎，是生产力。

200 多年来，我们逐步打造了适应工业经济发展的生产关系，如工厂管理体系、工会制度、贸易体系、金融体系、经济学原理、教育体系、法律体系、社会福利等。

今天我们所熟悉的整个社会组织和运作框架，是以工业经济为核心建立的。现在的很多理念和做法，在 200 多年前是无法想象的。

刚刚过去的 30 年，以计算机、通信技术和互联网技术为代表的数字经济生产力，得到了飞速发展。全球经济的发展模式，正在从工业经济过渡到数字经济，就像数百年前在工业技术的驱动下，全球从农业经济过渡到工业经济。

但这种过渡仍然停留在技术层面，停留在生产力方面。全球经济发展的引擎已经迈入了数字经济时代，但全球经济的生产关系还停留在工业经济时代。

何以见得？现实中有很多这样的例子。

- 现代（工业）企业管理，宣扬的是19世纪的管理哲学，采用的是20世纪中期的管理流程，运用的却是21世纪的新技术。
- （工业）经济学的基本假设是稀缺性，以货币计算GDP，强调规模效应，而现在信息不再稀缺，开源和免费模式流行，更强调网络效应。
- 现代（工业）教育体系是100多年前建立的，核心目的是为工厂培养合格的工人，学生的重要去向是工厂。现在，为数字经济培养创新型人才是最需要的，学生的重要去向是高科技公司，但高考考察的重点不是信息学也不是创新能力。
- 数据的资产化、虚拟货币的火热、分享经济的兴起等，颠覆了人们对资产、货币和企业等的认知。

……

全球性的经济大动荡、贫富差距拉大和全球性焦虑等，都是数字经济浪潮历史大背景的注脚。正如马克思构思《资本论》时的那个年代，工业革命已发展了70多年；今天，数字技术也已发展了70多年。

一切经济和社会制度，都是建立在当时的技术条件（包括信息技术）假设上的。现在，数字技术是核心生产力，但笼罩在工业经济的生产关系下。

可见，奔跑中的数字经济还穿着工业经济的鞋，我们需要为奔跑中的数字经济打造一双合脚的新鞋。时代需要数字社会学的开创者、数字管理学的奠基人、数字经济学的创始人和数字教育的改革家等。

工业经济生产关系的鞋，仍穿在数字经济生产力的脚上。

73
我们是谁

从远古到工业时代，人类一直以来都存在身份焦虑。现在，身份自身也成问题了。

古人自认为是人，但困惑于其他生命到底是人还是妖，万物是否有灵。孙悟空练就一双火眼金睛，能够识别是人还是妖，但他自身是人还是妖呢？

在工业时代，人类开始迷茫于人和机器的区别。钟表的发明，让人成了时间的奴隶。工厂的发明，让人成了机器的奴隶。在人还是上帝宠儿的1747年，J.O. 拉美特里写完《人是机器》后，只能小心翼翼地匿名发表。

身份证和护照是工业时代的产物，是一个人的身份证明和附属，然而今天它们发展成了身份的主人。在通行、住宿、海关和银行等验证身份时，你自己不能证明你是你，你的护照或身份证才能证明你是你。没有身份证或户口的“黑户”，就意味着没有身份，好像你根本就不存在。

在信息网络时代，这一情况愈演愈烈。只有借助各种数字化的符号、电话号码、银行账号、E-mail 地址或微信号，才能证明你是你。打电话、刷朋友圈、看电视、微博留言，这种刷存在感的方式成为很多人的必要，是 21 世纪互联网时代才特有的“刚需”。因为如果长期不刷存在感，不能在虚拟世界里在线，别人会以为你已经去另外一个世界了。

简而言之，在信息时代，如果没有数字 ID，没有连接在各种网络上，你根本就不算存在。

现实中可以通过一个人或物体的 ID，多少获得一些有价值的身份信息。但在互联网，你无法直接通过 Cookie、E-mail 或电话号码，判断对方是人还是机器，是男还是女。腾讯创始人马化腾曾经公开承认，早年自己通过冒充美女聊天，为 QQ 做市场推广。

互联网上的 ID 是没有任何身份信息暗示的，只能通过一系列的测试，让一个人猜测网络后面到底是人还是机器，这就是著名的图灵测试。60 多年来，人工智能学者致力于让机器通过图灵测试，即对面的人无法区分是机器智能还是人类智能。但在现实中，有时也需要证明，人不是机器，这就需要反向图灵测试了。

反向图灵测试的例子，最著名的就是验证码（CAPTCHA[24]），学名是“全自动区分计算机和人类的图灵测试”（Completely

24. CAPTCHA 是区分计算机和人类的一种程序算法，是一种区分用户是计算机或人的计算程序，这种程序必须能生成并评价人类能很容易通过但计算机却通不过的测试。

Automated Public Turing test to tell Computers and Humans Apart），是一种区分用户是计算机还是人的公共全自动程序。

验证码可以由计算机生成并评判，如图片识别等，只有人类才能解答，主要用于防止恶意破解密码等。由于计算机无法解答验证码的问题，所以回答问题的用户就被判定为人。

人工智能的目的是让机器通过图灵测试，验证码的目的是让机器无法通过图灵测试。

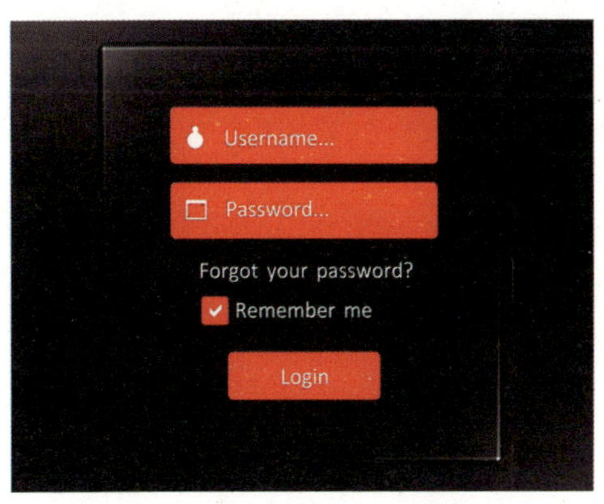

图5.9 生活中无处不在的验证码

这让我们不由怀念熟人社会，如果没有了历史档案，为了证明你是你，只需要依靠周边的熟人关系了。然而，互联网是一个由陌生人组成的社会，为了证明你是你还略微容易些，而要证明“你妈是你妈”有时候比登天还难，因为你妈可能根本就不在你的朋友圈里。

在互联网上，你的身份是碎片化的。你可能是一个Cookie、一个E-mail地址、一个IP地址、一个MAC地址、一段数字、一个密码学意义上的公钥、一个二维码、一段指纹、一个虹膜或一段机器代码。

我到底是谁？

我们每天输入验证码，只是为了证明自己“不是个东西”。

74

石器时代 3.0

现代天文学研究发现，地球曾经是在宇宙中流浪的岩石，直到太阳吸引了它，才开始变得稳定和繁荣。现代生物学研究发现，人类的祖先曾经是在地球上流浪的生物，直到岩石吸引了他们，才开始变得稳定和文明。

人类的历史就是一个不断深度把玩石头的过程。从学会直接使用天然的石器，到刻意打磨石器的物理形态，到采集岩石中的石油做化学提炼，到现在从石头里提取硅元素做芯片，我们一直在“把玩石头”。

石器时代 1.0 以打制和磨制的石器工具为代表。始于大约 300 万年前，终于距今 7000 年到 2000 年前，包括旧石器时代、中石器时代和新石器时代，占据了人类 99% 的历史。在石器时代 1.0，发生了科技的第一次大范围转移，出现了直立人并且走出了东非，发展出狩猎、采集和农业社会。

石器时代 2.0 以化石燃料石油为代表。虽然自古以来，未精制的石油已有很多用途，但在 19 世纪因为石油开采技术的进步和汽油发动机的发明，人类才真正来到了石油时代。“大数据是 21 世纪的石油”，这句话是在说大数据的重要性，但反过来也说明了石油在 20 世纪的重要性。美国前国务卿基辛格曾这样评论：“谁控制了石油，谁就控制了所有国家。”

石器时代 3.0 以沙子制造的 CPU 为代表，是整个信息技术的基石。制造 CPU 等半导体的原材料，源于从沙石里提取的硅。将它们应用在 CPU 上运行的各类应用软件，才形成了今天的互联网，发展出了数字经济等。

石器时代 1.0	石器时代 2.0	石器时代 3.0
磨制石器 狩猎 采集 农耕 养殖	开采石油 工业 贸易	提炼沙石 互联网 数字经济

图5.10 石器时代

我们玩石头的技术能力，已经进化到了石器时代 3.0。但人类的身体和大脑，就像顽石一样，还处于百万年前的石器时代 1.0。石器时代 1.0 的“顽石们”，正把玩着石器时代 3.0 的高科技。

在身体的物理层面，腰腿痛、股骨头坏死、脊柱侧凸、骨质疏松、高血压、阑尾炎、痔疮和难产等，这些与直立行走相关的结构性缺陷，一直从旧石器时代延续到了今天。而龋齿、糖尿病、心脏病、肥胖和近视等，这些石油时代和信息时代的现代病，在石器时代 2.0 以前几乎没有。

在大脑的精神层面，从弗洛伊德到丹尼尔·卡内曼（Daniel Kahneman），从精神分析法到行为经济学，从“从众心理”到“锚定效应”等，越来越多的证据表明，现代人的大多数决策是无意识的和不理性的。这些不适应现代社会的思考和决策模式，却是石器时代 1.0 之前的人们为适应外部环境而优化出来的算法，是适者生存的结果。

下一代互联网 IPv6 技术，把现在互联网 IPv4 的地址空间扩展了 80，000，000，000，000，000，000，000，000，000 倍，“可以为地球上的每粒沙子都分配一个 IPv6 地址”。大乘佛教有句名言，“每粒沙子中都住着一个佛陀”。

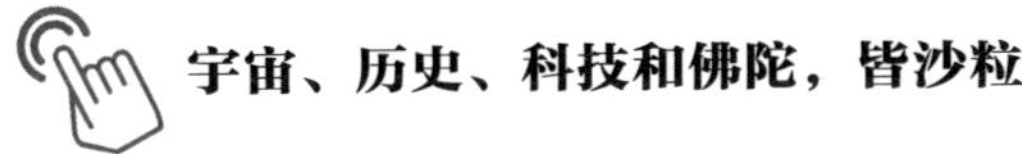

宇宙、历史、科技和佛陀，皆沙粒。

75 如何做预测

预测 AI，不只是专家的特权，如果我们找到了预测的方法，我就可以预测 AI 甚至任何一种技术。

首先，摘录一些时下流行的 AI 预测。

- 只需 15 年，美国 40% 的岗位将会被 AI 和机器人取代（普华永道，2017 年）。
- 未来 15 年里，1/3 的工作将被 AI 取代（比尔·盖茨和扎克伯格共同发出，2017 年）。
- 到 2055 年，目前全球近半数工作活动可以被机器人替代（麦肯锡，2017 年）。
- 2030 年前，日本使用机器人和人工智能技术将创建 500 万个工作岗位，同时需求减少 740 万人（日本某电视台，2017 年）。
- 10 年后，50% 工作将被 AI 取代（李开复，2017 年）。

从这些预测中，我们能够学到什么？

热点

只有预测热点，媒体和大众的关注度才会高。2019年，你要预测的是量子计算、AI、区块链、金融科技等“前沿技术”，尽量不要再做什么O2O、互联网金融、云计算甚至是大数据等“落后技术”，因为后者是正在成为现实的技术。

20年前你预测互联网会改变世界，大众会认为你胡言乱语。10年前你预测互联网会颠覆世界，大众会认为你是“神一样的存在”。现在你预测互联网可能会崩溃，大众会认为你又胡言乱语了。

威胁

贪婪和恐惧是人的天性，但面对未知，人类会更关注威胁和恐惧。基于这样的心理，大多关于未来的科幻电影是“恐怖片”。关于AI的预测也要尽力夸张，如会导致失业、导致伦理问题、会控制人类等，而且最好用讲故事的方法。

如果你预测，AI会让人类的生活更美好，AI将乖乖地听人的命令，哪里会有媒体愿意刊登，会有大众注意到呢？

数据

让大家更相信，需要做到以下3点。

使用激烈的词语。如“革命”“颠覆”“弯道超车”“失业”“控制”，“下一代”等。

使用断言式语句。语气要非常肯定，几乎不解释，可以增加力量，增加神秘感。

用数据说话。人类更相信数据，即使这些数据不是真实的。如“未来你将因 AI 而失业”，就远不如“未来 10 年，1/3 的人将失业”更有说服力，虽然后者正确的概率更小。

遥远

人们总是高估技术的短期影响，低估技术的长期影响。因此，“大神们”一般会把技术的长期影响说成中短期影响，增加当下人的恐惧感。如果把 50 年后才可能发生的事情说成 10 年内的发生，你即使不担心自己，也会开始担心自己的孩子。

5 年内的预测太近，容易被更专业的人士抓住把柄，容易引起争议。人是短视的，30 年以上的预测太遥远，关心的人太少。

未来 5 ~ 30 年的预测最好，让你或你的孩子既感到压力，又有时间采取行动去面对。

反复

年年做预测，事事做预测，说多了就容易被关注，就总有说对的时候。

总结小结下做预测的方法：针对热点，不断制造“客观”数据和案例，语气肯定地做 5 ~ 30 年内让人感到惊吓的预测。

预测技术，满满都是方法。

76
技术浪潮的尾声

技术的发展呈现出典型的波浪式：许多技术集中爆发，然后沉寂一段时间做消化和储能，等待下一波技术浪潮的到来。

例如，20 世纪 60 年代主要是计算机硬件技术的浪潮爆发，20 世纪 70 年代是软件技术的浪潮爆发，20 世纪 80 年代主要是 PC 技术的浪潮爆发，20 世纪 90 年代主要是互联网技术的浪潮爆发，21 世纪初主要是互联网应用的浪潮爆发。

每次社会危机都会孕育出重大技术的创新。这一波的技术浪潮，大约始于 2008 年的全球金融危机，以智能手机、应用商店、4G、云计算、大数据、AI、区块链等为代表。

已有多个迹象表明，这波技术浪潮很可能已经走到了尾声。

AI 大热，但历史上 AI 经常讲述的是技术浪潮的最后一个故事。技术故事已经讲到计算机可以创造智能了，AI 也就成了人类的最后一个发明，接下来就应该是 AI 创造技术，没有人什么事了。

“互联网 +”、金融科技、监管科技、O2O、共享经济、安全、隐私保护等名词流行，说明技术创新需要等一等技术应用和管理的脚步。

全球贸易战和保护主义盛行，“技术引擎国”的负向技术政策，都在抑制重大技术的诞生。

摩尔定律的衰老。绝大多数的软硬件技术创新，是建立在需要消耗更多廉价的计算资源，设备会更加集成化、微型化等的假设上的。而这些假设的后面还有一个更基本的假设：摩尔定律还将继续。

10 年来，世界已经创造了众多新技术，有些消化不良了，创新需要等待应用的脚步。接下来的 10 年，技术创新很可能进入平台期，迎来的是技术应用的新时代。

技术浪潮也有周期，诸多迹象表明，这一波技术的浪潮可能已经走到了尾声。

延伸思考：

1. 现在的教育、交通、管理和经济等基本制度设计和理论，是建立在 100 多年前的信息技术假设上的。当时代的引擎从蒸汽机和电力演变到互联网时，还有哪些行业的哪些做法停留在过去，改变的基本思路是什么？

2. 根据识别技术年龄的一些思路和方法，分析区块链、大数据、汽车和智能手机等技术，大致是什么技术年龄？能否找出 1 ~ 2 个还处于幼儿期的技术？

3. 随着技术浪潮进入尾声，互联网、大数据和人工智能与实体经济的深度融合成为最大的新机遇。根据“互联网朋友圈”的基本路径，分析“工业互联网”和“金融科技”的发展路径。

参与专题讨论，听作者答

后　记

最近10多年，全球性的集体焦虑、崩塌、混乱和重组，从社会层面看，是因为生产关系不适应以IT为代表的生产力的发展速度；从历史层面看，是因为科技又一次严重挑战了人类的基本信仰。

我是谁？人生的意义是什么？世间的权威来自哪里？信任的锚点在哪里？

过去，各种传统习俗和宗教回答了这个问题。各种宗教和习俗保证，天地神灵早已装有传感器，你说的每句话，做的每件事和思的每件情，天知地知，上天在意你的想法，体察你的感受。

几百年来，以蒸汽机和电力等为代表的科技发展，让人文主义崛起。意义和权威的本源，从传统习俗和宗教，转向了人类自身，转向了内心世界，从相信外部的神灵转为相信内心的感受。

人文主义者相信，你是独特的，人类的体验是意义和权威的本源。选民可以做出最好的选择（政治），顾客永远是对的（市场），只要感觉对了就去做（伦理），要独立思考，从内心寻求答案（教育）等（摘编自尤瓦尔·赫拉利的《未来简史》）。

人文主义诞生至今已有200多年了，就像历史上的各种宗教一样，后来有演进也有分化，但人类还一直没有出现过全新的价值观。信仰的大厦似乎已经建立起来了，剩下的只是修修补补。

1900年4月，英国著名物理学家开尔文男爵在回顾物理学所取得的伟大成就时说，物理大厦已经建成，所剩的只是一些修饰工作，但晴朗天空中的远处飘浮着两朵令人不安的乌云：一是迈克尔逊与莫雷的实验结果和以太漂移说互相矛盾；二是黑体辐射理论出现的“紫外灾难”。

现在，人文主义远边的天空也飘来了两朵乌云：一是生命科学；二是信息科学。这让生命体和机器之间的深壑逐步填平，让人成为可能会被电子算法淘汰的生化算法。

生命科学认为生物体也都是生化算法，情感和智力也都是算法。土豆、猪和人类，都只是数据处理的方式不同而已。人类之所以圈养老虎而不是被老虎圈养，是因为人类传感器能采集更多的数据，处理算法更先进。人类的所谓思想自由，其实只是生物的预设或随机选择，欲望就是神经元的某种放电形式。

信息科学的各种电子算法会保证，你说的每句话，做的每件事，都会被传感器采集，会成为大数据的一部分。算法会一直看着你，体察你，在意你。算法已经做出了类似传统宗教式的承诺，会让你得到更好的服务，你的未来会更美好，帮你发现更多的价值和意义。

数据已经大到人类无法查阅，更别提转化成知识甚至智慧了。AI 试图让我们相信复杂的难以理解的电子算法，而不是生化算法。区块链试图让我们相信机器，而不是人类组织的机构。如果电子算法比你还了解你自己，比你自己还可信，为什么还要相信自己内心的生化算法？

1900 年，物理世界的两朵乌云后来掀起了狂风暴雨，催生了 20 世纪现代物理学的两大支柱——相对论和量子力学。现在，生命科学和信息科学的乌云，笼罩着人文主义的天空。

技术气象站，不仅要观测风向，还要注意远处的乌云。